滑坡敏感性评价与治理措施研究

以博山区为例

尹 超 徐 康 秦玉吉 曹际宝 张 涵◎著

科学技术文献出版社
SCIENTIFIC AND TECHNICAL DOCUMENTATION PRESS
·北京·

图书在版编目（CIP）数据

滑坡敏感性评价与治理措施研究：以博山区为例 / 尹超等著. -- 北京：科学技术文献出版社, 2024. 5.

ISBN 978-7-5235-1433-7

Ⅰ. P642.22

中国国家版本馆 CIP 数据核字第 2024W3Z831 号

滑坡敏感性评价与治理措施研究：以博山区为例

策划编辑：张　闫　责任编辑：王　培　责任校对：张永霞　责任出版：张志平

出　版　者　科学技术文献出版社
地　　　址　北京市复兴路15号　邮编　100038
出　版　部　(010) 58882952，58882087（传真）
发　行　部　(010) 58882868，58882870（传真）
官 方 网 址　www.stdp.com.cn
发　行　者　科学技术文献出版社发行　全国各地新华书店经销
印　刷　者　北京厚诚则铭印刷科技有限公司
版　　　次　2024 年 5 月第 1 版　2024 年 5 月第 1 次印刷
开　　　本　710×1000　1/16
字　　　数　201千
印　　　张　11　彩插30面
书　　　号　ISBN 978-7-5235-1433-7
审　图　号　淄S（2024）001号
定　　　价　49.00元

前言

滑坡是一种常见的不良地质现象，具有分布范围广、发生频率高和破坏性强等特点，严重威胁国民经济和人民生命财产安全。滑坡敏感性评价是滑坡防治的基础工作，它根据研究区域的滑坡调查数据和地质环境条件，分析滑坡孕灾环境中各致灾因子组合特征对滑坡发生的影响，并基于地理信息系统（GIS）将研究区域划分为不同等级的敏感区，为滑坡防治政策的制定提供科学依据。已有的滑坡敏感性评价聚焦于由滑坡本身及其静态致灾因子的非均质性产生的空间效应，常常忽略孕灾环境中土地利用、归一化植被覆盖指数（*NDVI*）、人口密度等动态因子的时变性，降低了评价结果的准确率。

本书以山东省淄博市博山区为研究区域，调查博山区地质灾害数据和地质环境条件，并基于 ArcGIS 10.2 和 ENVI 5.3 提取滑坡致灾因子，对致灾因子进行相关性分析和共线性检验。将通过检验的致灾因子分为静态致灾因子和动态致灾因子，建立了静态致灾因子 + 动态致灾因子 2021 年实测值、静态致灾因子 + 动态致灾因子各年实测值、静态致灾因子 + 动态致灾因子年际变化值 3 种评价因子组合，将 3 种因子组合输入 5 种机器学习模型（随机森林模型、逻辑回归模型、支持向量机模型、Stacking 集成模型和卷积神经网络模型），比较不同因子组合和不同模型的预测精度与评价结果。使用地理探测器的分异及因子探测功能分析博山区土地利用对滑坡敏感性的影响，使用交互作用探测功能分析土地利用变化对滑坡敏感性的交互作用，使用 ArcGIS 10.2 的空间叠加功能分析土地利用、*NDVI* 和人口密度等动态因子的变化信息同滑坡敏感性空间分布的关系。对位于极高敏感区和高敏感区的 G205 乐疃—青石关段

12 处危险边坡分别制定 2 套治理方案，通过对比防治效果、造价和工程量确定了优选方案和备选方案。

本书主要结论包括以下几个方面。

① 3 种评价因子组合中，静态致灾因子 + 动态致灾因子年际变化值的因子组合 3 最合理，较静态致灾因子 + 动态致灾因子 2021 年实测值的因子组合 1、静态致灾因子 + 动态致灾因子各年实测值的因子组合 2 下模型的 AUC 值平均分别提高 0.0546、0.0310，验证精度平均分别提高 0.0251、0.0103。5 种机器学习模型中，卷积神经网络模型的预测性能最优，较随机森林模型、逻辑回归模型、支持向量机模型和 Stacking 集成模型的 AUC 值平均分别提高 0.0470、0.0423、0.0267 和 0.0107，验证精度平均分别提高 0.0454、0.0390、0.0408 和 0.0050。其中，因子组合 3 下卷积神经网络模型的滑坡敏感性评价结果最合理，AUC 值为 0.92，验证精度为 0.9418。

②以因子组合 3 下卷积神经网络模型为基准模型，比较不同评价因子组合和不同模型的博山区滑坡敏感性评价结果，因子组合 1、2 下的模型高估了高程的作用，低估了河流距离的作用。Stacking 集成等其他模型高估了断层距离的作用，低估了道路距离的作用。不同因子组合对博山区滑坡敏感性评价结果的影响较大,因子组合 1、2 下模型的滑坡敏感性评价结果极端分类倾向强，易产生过高估计和过低估计等错误估计区域。

③博山区土地利用结构和空间分布逐年优化。土地利用变化区域的极高敏感区占比大，尤其是裸地→林地、耕地→人造用地、园地→水域、林地→水域和水域→林地等区域，滑坡敏感性概率大。人口流动过度和适度区域占比较小，多分布在博山城区附近，人口流动过度区域极高敏感区占比最大，人口流动稳定区域极高敏感区占比最小。*NDVI* 年际变化剧烈的区域极高敏感区占比大，*NDVI* 年际变化稳定的区域极低敏感区占比大。故在进行工程活动、植树造林时应注意进度安排，避免大规模、短时间的因子变化。

④制作了 G205 乐疃—青石关段 12 处危险边坡危岩体发育图、边坡 3D 曲面图和边坡平面图；利用 RocFall 软件对落石运动轨迹进行模拟计算，分析了落石终点的水平位置、落石的总能量和弹跳高度；确定了治理各边坡的优选方案与备选方案。

本书是在国家自然科学基金项目“基于三维激光扫描的山区公路边坡灾害变形监测与危险性评价方法研究”（51808327）和山东省自然科学基金项目“公路边坡灾害－孕灾环境互馈机制与危险性区划方法研究”（ZR2019PEE016）的资助下完成的。本书是集体智慧的结晶，第1、第2章由尹超执笔，第3、第4章由徐康执笔，第5、第6章由秦玉吉执笔，第7、第8章由曹际宝执笔，张涵负责统稿。

由于著者水平有限，疏漏在所难免，欢迎广大读者批评指正。

著 者

2024年2月

目 录

第1章　绪　论

1.1　研究背景及意义

自然资源部于2022年12月7日发布的《全国地质灾害防治“十四五”规划》指出，中国构造活动强烈，地形地貌、地质条件复杂，气候类型多样，人类工程活动剧烈，是世界上地质灾害最严重的国家之一。滑坡是斜坡上的岩土体受重力作用，在河流冲刷、地下水活动等因素的影响下，沿斜坡向下运动的地质现象。“十三五”期间，全国共发生地质灾害34 218起，其中滑坡占比超过50%，平均每年造成超过200人死亡和数十亿元经济损失。

近年来，我国滑坡防治主要以监测已知隐患点为主，在区域滑坡风险评价方面仍处于起步阶段。滑坡敏感性评价是一种在空间尺度上对滑坡发生概率进行预测的方法，通过研究区域的滑坡调查数据和地质环境条件，分析致灾因子的组合特征对滑坡发生的影响并基于GIS将研究区域划分为不同等级的敏感区，为土地利用规划和滑坡防治政策的制定提供科学依据。

滑坡孕灾环境中的大部分致灾因子处于较稳定状态，即不随时间发生大幅变化，但部分致灾因子随时间推移变化明显，如*NDVI*常随植树造林、封山育林等政策的实施发生区域性的大规模变化，土地利用类型随退耕还林、工程建设的进行而改变，人口密度随城市规划布局的优化发生变化。已有的滑坡敏感性评价忽略了动态致灾因子变化对滑坡敏感性评价结果的影响，故本书进行考虑动态因子时变性的滑坡敏感性评价。

淄博市博山区位于鲁中山区北部，地质构造复杂、地表切割强烈，存在大量的滑坡隐患点，加之近年来灾害性气象天气和频繁的人类工程活动，导致滑坡频发，危害当地人民的生命财产安全，造成严重的经济损失。2016年8月23日，博山区谢家店至石泉村公路因连续降雨发生滑坡，造成5人受伤，公路断道40余天；2018年8月20日夜间，G205乐疃—青石关段K680+850

处发生山体滑坡，塌方导致大量土方堆积，造成严重的经济损失；2019年8月，台风“利奇马”带来连续强降雨，导致河道洪水泛滥，大量泥沙冲刷地表，造成道路边坡垮塌40余起，石门风景区、博山镇上结村等多处发生滑坡。鉴于此，本书以博山区为研究区域进行滑坡敏感性评价，利用GIS技术提取博山区的滑坡致灾因子数据，建立静态致灾因子 + 动态致灾因子2021年实测值、静态致灾因子 + 动态致灾因子各年实测值、静态致灾因子 + 动态致灾因子年际变化值3种评价因子组合。基于不同评价因子组合，使用不同机器学习模型进行博山区滑坡敏感性评价，比较模型精度和评价结果后选取最有效的博山区滑坡敏感性评价结果。基于地理探测器和ArcGIS 10.2叠加功能分析动态因子时变性同滑坡敏感性空间分布的关系。对位于极高敏感区和高敏感区的G205乐疃—青石关段12处危险边坡分别制定2套治理方案，通过对比防治效果、造价和工程量确定了优选方案和备选方案。

1.2 国内外研究现状

1.2.1 滑坡敏感性评价因子

滑坡是孕灾环境中各致灾因子耦合作用的结果，滑坡致灾因子包括较稳定的静态致灾因子和随时间推移变化明显的动态致灾因子。已有的滑坡敏感性评价研究主要选用坡度、岩性、坡向、河流距离、高程、断层距离和平面曲率等静态致灾因子，即聚焦于滑坡本身及其静态致灾因子的非均质性产生的空间效应。近年来，已有少数滑坡敏感性评价研究重视分析孕灾环境中动态因子时变性同滑坡敏感性的关系。

2016年，Gariano和Guzzetti进行滑坡敏感性评价时考虑了土地利用变化、气候变化等因素，分析了动态因子变化对滑坡发生的影响。

2017年，Soma和Kubota将土地利用变化作为评价因子，分别使用频率比法和逻辑回归法进行滑坡敏感性评价，结果表明土地利用变化会导致斜坡稳定性降低，增加滑坡发生概率。

2020年，Knevels等通过分析部分动态因子（土地利用等）的时变性同滑坡敏感性的关系，强调了动态因子变化对滑坡发生的贡献度。

2021 年，Khanna 等选取不同时间跨度的滑坡数据作为样本输入，基于不同数据驱动模型进行滑坡敏感性评价，结果表明不同年份滑坡对应的孕灾环境不同，滑坡敏感性评价结果存在差异。

2021 年，Pham 等基于决策树模型分析了气候和土地利用变化对滑坡敏感性的影响。

2022 年，Alberto 等将土地利用变化作为评价因子用于滑坡敏感性评价，发现在砍伐树木等改变土地利用类型的人类活动进行 5 ～ 7 年后，滑坡发生的概率最大。

2023 年，Raphael 等评价了孕灾环境变化下奥地利施蒂里亚地区的滑坡敏感性。

近年来，越来越多国内学者进行滑坡敏感性评价时开始考虑动态因子的时变性。

2010 年，田原基于多因子统计模型进行滑坡敏感性评价，发现地貌形态变化的区域更容易发生滑坡。

2012 年，张建强等比较汶川地震前后多个地区的滑坡敏感性评价结果，分析地震前后孕灾环境变化对滑坡敏感性的影响。

2020 年，赵华应基于 GIS 从遥感影像提取土地利用、植被覆盖等多种动态因子的时变性信息，对秦巴山区进行滑坡动态危险性评价。

2021 年，叶润青等分析了三峡库区土地利用变化对滑坡敏感性的影响，为三峡库区土地利用规划提供了理论依据。

2023 年，于宪煜等利用 2016—2020 年的土地利用、土地利用变化等因子，构建不同因子组合用于人工神经网络（ANN）、支持向量机（SVM）和卷积神经网络（CNN）模型，进行三峡库区秭归至巴东段的滑坡敏感性评价。

2023 年，马传明等考虑土地利用变化和人类活动对滑坡发生的影响，将滑坡影响因素分为基本影响因素（BAFs）和与土地有关的影响因素（LAFs），结果表明启发式多层感知器模型与 LAFs 的组合预测精度最高。

鉴于此，为考虑动态因子的时变性对滑坡敏感性的影响，本书将致灾因子分为静态致灾因子和动态致灾因子。建立了静态致灾因子 + 动态致灾因子 2021 年实测值、静态致灾因子 + 动态致灾因子各年实测值、静态致灾因子 +

动态致灾因子年际变化值 3 种评价因子组合。

1.2.2 滑坡敏感性评价方法

评价方法的选取是滑坡敏感性评价的核心内容。目前，滑坡敏感性评价方法分为以下 2 类，第一类是基于物理力学模型的确定性方法，主要通过获取边坡的力学参数（边坡土体黏聚力、内摩擦角等）建立边坡稳定性力学模型，结合区域地质数据进行滑坡敏感性评价。

2014 年，Armas 等将一维无限边坡模型与 GIS 相结合，进行了不同土壤条件下罗马尼亚 Breaza 地区的滑坡敏感性评价。

2016 年，Sarkar 等采用 Mohr-Coulomb 破坏准则下的 SHALSTAB 模型对印度大吉岭地区的滑坡敏感性进行了评价。

2017 年，Ciurleo 等在大量土体力学参数数据的基础上，使用 TRIGRS 模型进行了意大利南部卡坦扎罗的滑坡敏感性评价，同信息量法比较发现，TRIGRS 确定性模型的评价结果更准确。

2019 年，马思远等分别将 Arias 烈度和地震动峰值加速度（PGA）作为地震动参数，使用 Newmark 模型进行了滑坡敏感性评价，结果表明，基于 Arias 烈度的评价结果更合理。

确定性方法需要较多参数支持，因此预测精度较高，但在进行区域滑坡敏感性评价时，难以获取详尽准确的岩土体力学参数，限制了确定性方法在滑坡敏感性评价上的应用。

第二类是非确定性方法，可分为知识驱动型定性方法和数学驱动型定量方法。定性方法通常依靠专家经验选取研究区域的滑坡评价因子，并对各因子指标的权重进行赋值。

1985 年，Aniya 选取了 10 个同滑坡发生关系密切的地形参数作为强降雨期间滑坡敏感性评价的定性指标，进行了日本东京附近地区的滑坡敏感性评价。

2000 年，Hudak 和 Wachal 对美国得克萨斯州 Travis 地区的滑坡评价因子权重赋值，利用 GIS 技术叠加评价因子数据绘制了滑坡敏感性区划图。

2015 年，燕建龙等基于证据理论的层次分析（AHP）法进行滑坡敏感性评价，该方法与单一的 AHP 法相比预测精度更高。

2019 年，陈明等利用 AHP 法和概率综合判别法进行了滑坡敏感性评价。

2023 年，Jude 等选取了 12 个滑坡致灾因子，使用 AHP 法和模糊逻辑方法对马来西亚 Serdang 地区进行了滑坡敏感性评价。

定性方法过度依赖主观经验而忽略客观事实，导致滑坡敏感性评价的稳定性较差。

近几十年，国外产生了越来越多基于数学驱动模型的滑坡敏感性定量评价，数学驱动模型包括常规数理统计模型、浅层机器学习模型和深度机器学习模型等。

2001 年，Lee 和 Min 使用逻辑回归（LR）模型进行了韩国 Yongin 地区的滑坡敏感性评价。

2016 年，Abedini 等比较了 LR 模型和 AHP 法在伊朗 Bijar 地区滑坡敏感性评价上的预测精度，结果表明 LR 模型的预测性能更优。

2017 年，Achour 等采用信息量法对阿尔及利亚公路沿线进行了滑坡敏感性评价。

2020 年，Youssef 和 Pourghasemi 将 SVM、ANN、随机森林（RF）、多元自适应回归样条（MARS）、二次判别分析（QDA）、线性判别分析（LDA）和朴素贝叶斯（NB）7 种机器学习模型用于沙特阿拉伯 Asir 地区的滑坡敏感性评价，结果表明 RF 模型的预测性能最好。

2020 年，Saha 等集成 ANN、SVM、RF 和 LR 等模型用于滑坡敏感性评价，其中 ANN-RF-LR 集成模型表现出最高的拟合优度和预测精度。

2020 年，Kalantar 等构建了由广义 Logistic 模型（GLM）、增强回归树（BRT）模型、广义增强回归（GBM）模型和 RF 模型组成的集成模型，与单一模型相比具有更高的预测精度。

2021 年，Tanyu 等对比了 RF、C4.5 决策树和 C5.0 决策树模型在滑坡敏感性评价的精度，结果表明 C4.5 决策树和 C5.0 决策树模型在处理不平衡样本数据集方面具有明显优势。

2021 年，Mandal 等将基于贝叶斯优化的一维 CNN 模型用于滑坡敏感性评价，采用贝叶斯方法优化 CNN 的超参数，同 ANN、SVM 模型对比发现，提出的模型在滑坡敏感性评价上的预测精度更高。

2022年，Abhik等比较AHP法、ANN模型和模糊层次分析法的预测精度，发现ANN模型的预测性能最高，AUC值为0.881，并基于GIS绘制了印度西部地区的滑坡敏感性区划。

国内滑坡敏感性评价研究中数学驱动模型从开始的单一机器学习模型到耦合机器学习模型、集成模型，从浅层机器学习模型到深度机器学习模型，评价方法逐渐发展。

1998年，汪华斌等基于信息量模型对长江三峡地区进行了滑坡敏感性评价。

2004年，张丽君和江思宏基于GIS支持下的贝叶斯统计方法进行了滑坡敏感性评价，评价结果较定性方法更具可靠性和科学性。

2010年，许湘华研究了LR模型在滑坡敏感性评价中的应用，丰富并完善了滑坡敏感性评价的方法体系。

2010年，陶舒等在GIS支持下结合信息量法与LR模型对四川省汶川县进行滑坡敏感性评价，比较了不同模型在滑坡敏感性评价上的预测精度。

2014年，谭龙等基于GIS将评价单元处理为边坡单元，使用SVM模型对甘肃省白龙江流域进行了滑坡敏感性评价。

2019年，王念秦等采用不同核函数下的SVM模型对研究区域滑坡敏感性进行评价，发现核函数为径向基核函数时的SVM模型预测精度最高。

2021年，盛明强等基于频率比（FR）和SVM的耦合模型进行了滑坡敏感性评价。

2021年，罗路广等采用确定性系数（CF）和LR的耦合模型进行滑坡敏感性评价，结果表明耦合模型同单一模型相比，预测精度大幅提升，评价结果更加合理。

2021年，胡旭东等基于Bagging方法和随机子空间的朴素贝叶斯集成模型，编制了三峡库区秭归县滑坡敏感性区划。

2021年，王毅等利用Stacking集成方法将CNN模型与循环神经网络（RNN）模型结合，对三峡库区秭归—巴东段进行了滑坡敏感性评价，结果表明，Stacking集成模型的性能更高，预测精度比单一CNN、RNN和LR模型高出

0.87% ～ 2.89%。

2022 年，贺倩等结合 LR 模型和马尔科夫链蒙特卡洛（MCMC）方法进行滑坡敏感性评价，同传统的 LR 模型相比，基于 MCMC 的 LR 模型预测性能大大提高，体现了 MCMC 方法在 LR 模型参数优化上的准确性。

2023 年，张越和宋炜炜使用 BP 神经网络和决策树模型进行了滑坡敏感性评价，结果表明决策树和 BP 神经网络模型在滑坡敏感性评价上的性能均较优异。

2024 年，尹超等使用 LR 模型、ANN、SVM 和 CNN 进行公路滑坡危险性评价，结果表明 CNN 的评价结果准确率最高。

随着机器学习算法的发展，数学驱动模型在滑坡敏感性评价上的适用性不断提高，滑坡敏感性评价方法愈发多元化，评价体系日趋成熟。为得到精度和适用性更高的模型以用于博山区滑坡敏感性评价，本书选取多个机器学习模型，比较单一模型与集成模型、浅层机器学习模型与深度机器学习模型间的优劣。

1.3 研究内容

本书以山东省淄博市博山区为研究区域，调查博山区地质灾害数据和地质环境条件并基于 ArcGIS 10.2 和 ENVI 5.3 提取滑坡致灾因子，对致灾因子进行相关性分析和共线性检验。将静态致灾因子作为固定评价因子，动态致灾因子 2021 年实测值、各年实测值和年际变化值分别作为动态评价因子，构建 3 种评价因子组合。将 3 种评价因子组合输入 5 种机器学习模型，比较不同因子组合和不同模型的预测精度与评价结果。选取最合理的博山区滑坡敏感性概率分布数据，用于分析动态因子时变性同滑坡敏感性空间分布的关系。提出了 G205 乐疃—青石关段 12 处危险边坡的治理方案。主要研究内容如下：

（1）滑坡致灾因子分析

调查博山区 99 处滑坡，确定历史上滑坡的发生时间和位置。汇总遥感影像、地形图、地质图、断层数据、道路数据、河流数据和人口密度数据，并基于 ArcGIS 10.2 和 ENVI 5.3 提取滑坡致灾因子。分析地形及地质、水文及植被、人类活动因素各致灾因子对滑坡的影响，基于自然间断点法进行致灾因子分级，统计各致灾因子区间的滑坡数量。使用 Pearson 相关系数对地形及地质、水文及植被、人类活动因素各致灾因子进行相关性分析，利用方差膨胀系数（*VIF*）检验致灾因子共线性。

（2）滑坡评价因子组合与量化

将 13 类致灾因子分为静态致灾因子和动态致灾因子。构建静态致灾因子 + 动态致灾因子 2021 年实测值、静态致灾因子 + 动态致灾因子各年实测值和静态致灾因子 + 动态致灾因子年际变化值 3 种评价因子组合。使用传统的信息量法量化固定评价因子和组合 1 的动态评价因子，添加时间变量改进信息量计算公式，并基于此量化组合 2、组合 3 的动态评价因子。

（3）滑坡敏感性评价研究

基于 3 种评价因子组合构建 RF 模型、LR 模型、SVM 模型、Stacking 集成模型和 CNN 模型，使用 RF–RFE 算法验证评价因子组合的合理性，利用 AUC 值比较模型精度。基于 3 种因子组合下 5 种机器学习模型对博山区滑坡敏感性进行评价。使用 ArcGIS 10.2 的叠加和栅格计算器功能，比较不同模型和不同评价因子组合在博山区滑坡敏感性评价结果上的差异。

（4）基于动态因子的滑坡敏感性分析

使用地理探测器的分异及因子探测功能分析博山区土地利用对滑坡敏感性的解释程度，使用交互作用探测功能分析土地利用变化对滑坡敏感性的交互作用，提取动态致灾因子的变化信息，基于 ArcGIS 10.2 绘制博山区土地利用变化分布、人口流动强度分布、*NDVI* 变化趋势分布和 *NDVI* 稳定性分布，分别与滑坡敏感性概率叠加，分析动态因子变化信息对滑坡敏感性的影响，探究动态因子时变性同滑坡敏感性空间分布的关系，为博山区土地利用规划和滑坡防治政策的实施提供科学依据。

（5）滑坡治理措施研究

制作了位于极高敏感区和高敏感区的 G205 乐疃—青石关段 12 处危险边坡危岩体发育图、边坡 3D 曲面图和边坡平面图；利用 RocFall 软件对落石运动轨迹进行模拟计算，分析了落石终点的水平位置、落石的总能量和弹跳高度；对各边坡制定了 2 套防治方案，通过对比防治效果、造价和工程量分别确定了优选方案和备选方案。

第 2 章　滑坡致灾因子分析

2.1　研究区域概况

2.1.1 地理位置

博山区地处山东省中部，淄博市南端，鲁中山区北部，地跨东经117°43' ～ 118°42'，北纬 36°16' ～ 36°31'，南与沂源县为邻，西南接济南市莱芜区，西北与济南市章丘区接壤，北、东北与淄川区毗连。东西宽约 20.0 km，南北长约 49.4 km，总面积约 698.2 km^2。下辖 3 个街道、7 个镇，博山区人民政府位于博山城区县前街，距淄博市人民政府驻地张店区40 km，如图 2.1 所示。

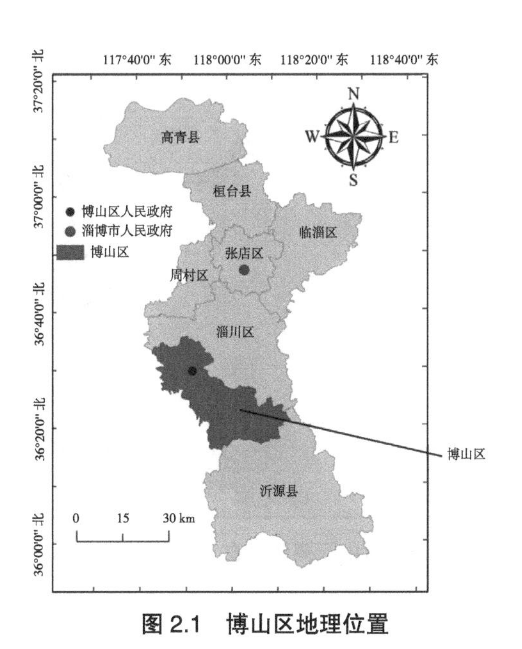

图 2.1　博山区地理位置

2.1.2 地形地貌

博山区总体地势南高北低，海拔介于 102 ～ 1066 m，境内山岭起伏，层峦叠嶂，海拔 500 m 以上的山峰有 81 个，800 m 以上的山峰有 47 个，多数位于博山区南部，如鲁山、鹿角山等，如图 2.2 所示。博山区南、东、西三面中低山环绕，面积约 334.7 km^2，占全区总面积的 47.9%。中部低山丘陵区（包括淄河流域中北部和孝妇河流域的南部）面积约 297.55 km^2，占全区总面积的 42.6%，孝妇河与淄河分水岭立于其中，西起羊峪岭，东至鸡鸣山主峰 671 高地，呈弧形东西分布，沟谷切割较深，河谷发育，冲洪积层，沿淄河两岸分布。北部丘陵河谷区位于博山城区以北，面积 49.75 km^2，占全区总面积的 7.1%，山岭起伏平缓，最高山大尖山海拔 295.5 m，海拔最低处于孝妇河出界口 130 m 处。

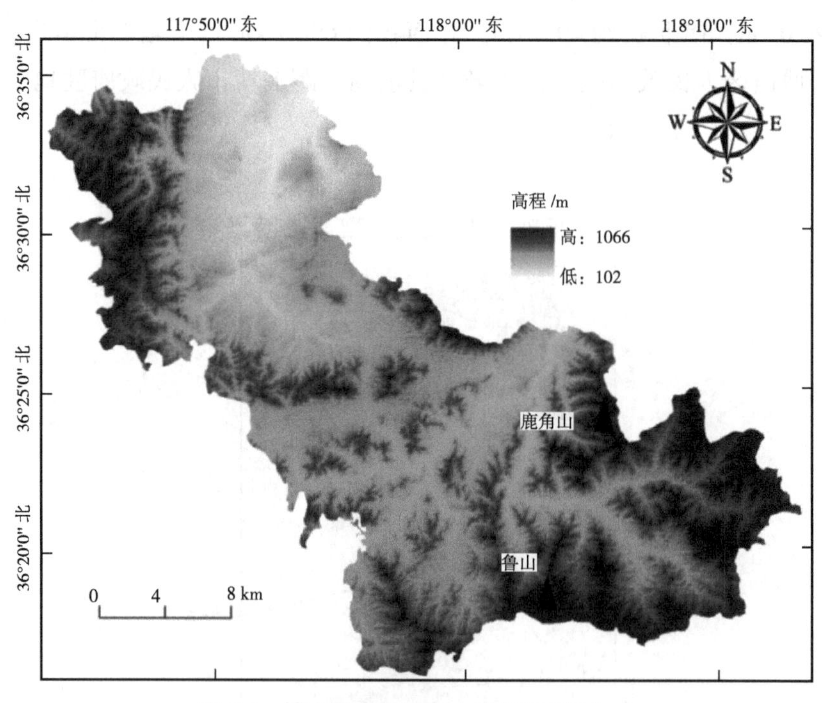

图 2.2　博山区高程分布（见书末彩插）

2.1.3 地层岩性

博山区属华北地层，由东南到西北呈由老到新状，北部由于断裂切割导致地层新老关系有所重复。地层发育比较齐全，出露地层由老到新主要有 4 界 7 系，分别为：太古界泰山群，古生界寒武系、奥陶系、石炭系及二迭系，中生界侏罗系，新生界第四系。地层整体产状倾向北西，倾角 5° ～20° ，如表 2.1 所示。

表 2.1　博山区地层分布

界	系	群	出露位置	地层岩性
新生界	第四系		分布于河谷、河川低洼处（崮山—天津湾及淄河河谷等）	黏质沙土、粉质黏土夹卵砾石
中生界	侏罗系		分布于蕉庄	砂岩、页岩及岩质页岩
古生界	二迭系		分布于八陡、山头、福山、夏家庄、白塔、蕉庄、域城等	石英细粒砂岩、中粒砂岩、粉粒砂岩及砂质页岩
	石炭系		分布于八陡、福山、山头、域城、白塔、夏家庄等	砂岩、页岩及灰岩
	奥陶系		分布于石门、夏家庄、石马、乐疃、八陡、源泉、岳庄、北博山等	纯灰岩、泥灰岩、白云质灰岩及白云岩
	寒武系		分布于石门、北博山、李家、池上、源泉、岭西、南博山等	页岩、厚层鲕状灰岩、条带状泥质灰岩、薄层灰岩
太古界		泰山群	分布于岭西、乐疃、南博山、池上、李家等	黑云斜长片麻岩、黑云变粒岩、斜长角闪岩及角闪片岩

2.1.4 气候条件

博山区属暖温带季风性半湿润气候，年平均气温 13.6 ℃，平均年降水量 719.3 mm，全年无霜期 201 天。四季分明，春季空气干燥，降水少，温度回升快；夏季高温高湿，降水集中且多雷雨大风；秋季气温下降快，雨量突减，天气晴朗稳定；冬季干燥寒冷，雨雪少。博山区降水空间分布不均匀，年际变化较大。气温整体上北高南低，北部和南部年平均气温相差 1.5 ～ 2.1 ℃，呈逆向型气候，即气温与海拔高度成反比。博山区发生滑坡数量最多的 2019 年降水和气温状况如图 2.3 所示。

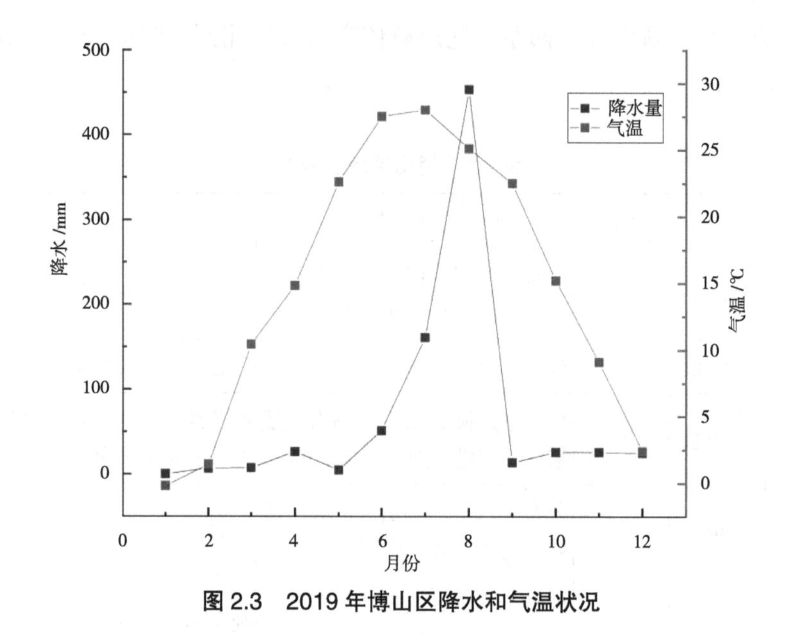

图 2.3　2019 年博山区降水和气温状况

2.1.5 水文条件

博山区主要有淄河、孝妇河、青阳河和牛角河，其中，前 3 条属小青河水系，牛角河属黄河水系。淄河流域面积 408.3 km^2，有石马、南博山、下庄、池上 4 条较大支流，前 3 条称西淄河，池上支流称东淄河。孝妇河流域面积 246 km^2，源头为神头泉群，上游有 2 条较大支流，分别为岳阳河、白杨河。其中，岳阳河发源于东南面石灰岩低山丘陵区，全长 14.8 km，流向自东向西；白杨河全长 117 km，流经博山城区并形成泉水，长流不断，四季澄清。博山区河流分布如图 2.4 所示。

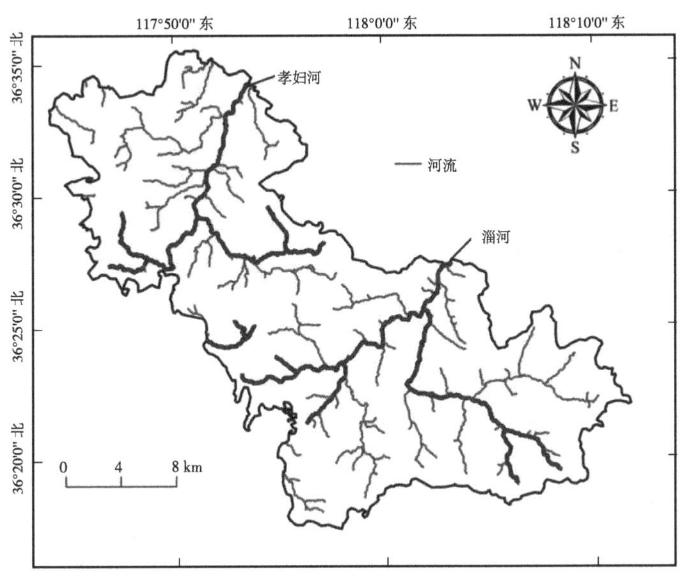

图 2.4 博山区河流分布

博山区地下水主要有石灰岩裂隙岩溶水、河流冲积层孔隙水、变质岩风化裂隙水和砂岩裂隙水。石灰岩裂隙岩溶水主要分布在淄河中北部低山丘陵区的石马、南博山地区，河流冲积层孔隙水主要分布在淄河的中、下游局部河道两侧和博山城区以北孝妇河的河道两侧，变质岩风化裂隙水主要分布在南部鲁山的中低山区，砂岩裂隙水主要分布在北丘陵区的孝妇河沿岸，为二迭系奎山层砂岩裂隙水。

2.1.6 地质构造

博山区地质构造特点是：断裂发育，褶皱次之，以高角度的张性断裂为主。较大断裂往往由 2 条以上相互平行的断裂构成断裂带，其中南北向断裂及北东向断裂的发育控制了博山区大量沉积矿产的分布。南北向断裂有姚家峪断裂带，全长 60 km，纵贯区境 16 km，走向 N5°W ～ N10°E，倾向 NW，倾角 55° ～ 75°。北东向断裂有淄河断裂，全长 110 km，宽 400 ～ 1000 m，地表出露约 60 km，贯穿博山、源泉和池上等乡镇，长 19 km。另有秋谷断裂自乐疃向东北经北神头、秋谷、西河、田庄与北段的淄河断裂相会，全长近 30 km，此断裂切割了姚家峪断裂带，走向 N70°E，倾向 SE，倾角 50° ～ 70° ，属正断层性质。博山区断层分布如图 2.5 所示。

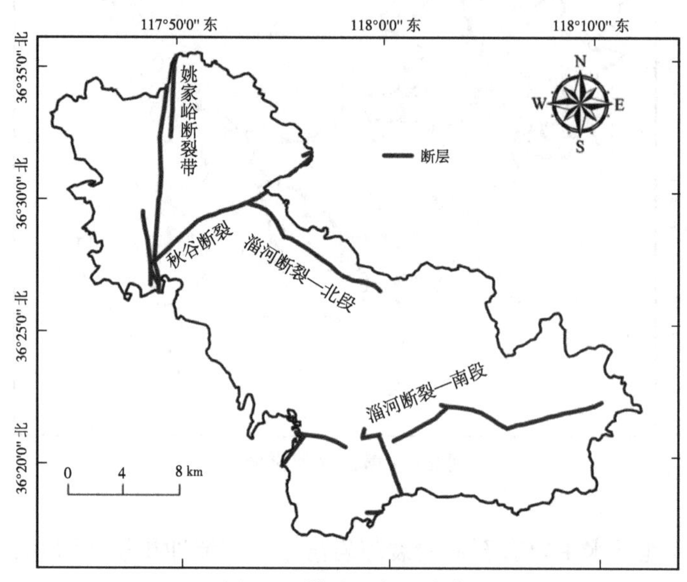

图 2.5　博山区断层分布

2.1.7 土地利用

博山区土地利用分为耕地、林地、园地、水域、人造用地、裸地（未开发的土地）6 类，2013—2021 年土地利用状况如表 2.2 所示。

表 2.2　博山区 2013—2021 年土地利用状况

年份	耕地占比	林地占比	园地占比	水域占比	人造用地占比	裸地占比
2013	17.4121%	57.5080%	7.5080%	0.6390%	16.7732%	0.1597%
2014	17.1502%	57.7016%	7.3730%	0.6411%	16.9899%	0.1443%
2015	16.4840%	57.7739%	7.6818%	0.6402%	17.2841%	0.1360%
2016	15.6755%	58.1771%	7.7569%	0.6464%	17.6147%	0.1293%
2017	13.0794%	60.9866%	6.4417%	0.5655%	18.8254%	0.1014%
2018	11.8302%	59.4167%	8.1772%	0.5865%	19.8993%	0.0900%
2019	14.7177%	57.4074%	7.1872%	0.5796%	20.0161%	0.0919%

续表

年份	耕地占比	林地占比	园地占比	水域占比	人造用地占比	裸地占比
2020	9.8729%	60.9131%	8.0408%	0.6002%	20.4879%	0.0851%
2021	9.9894%	64.4051%	5.0713%	0.6148%	19.8386%	0.0808%

由表 2.2 可知，林地面积是博山区占比最大的土地利用类型，始终在 55% 以上且随时间推移呈波动上升趋势；面积最小的是裸地，占比呈波动下降趋势；耕地占比在 2013 年最大，约为 17.4%，比 2021 年高了近 8 个百分点，占比呈波动下降趋势；园地和水域分别约占 7.2%、0.6%，占比呈波动趋势；人造用地占比最低的年份为 2013 年，约为 16.8%，至 2020 年到达顶峰，约为 20.5%，2021 年有所回落，但整体仍呈上升趋势。

2.1.8 交通状况

博山区公路通车里程 961.75 km，其中，国道 20.08 km、省道 101.81 km、县道 102.39 km。区内有辛泰铁路和张八铁路，滨莱高速穿境而过，张博附线连接博山、淄川、张店、桓台，G205、湖南路、仲临路等省道干线分别从博山区西部、中部和东部穿过，博山区道路网络如图 2.6 所示。

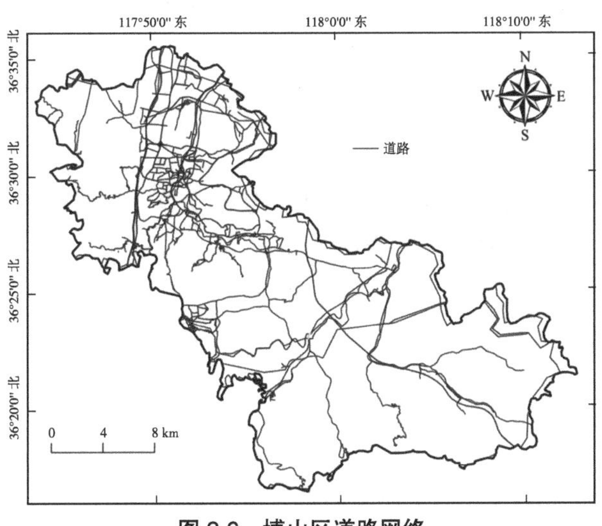

图 2.6　博山区道路网络

2.1.9 滑坡概况

根据淄博市自然资源和规划局提供的博山区地质灾害防治方案，确定了99处历史滑坡的发生时间和位置。本书著者对99处滑坡进行了现场踏勘，结合遥感解译，明确了各滑坡的体积和面积。博山区各镇及街道均有滑坡分布，滑坡总体积达2 732 400 m^3，总面积达1.027 km^2，池上镇滑坡数量最多（19处），体积和面积最大的滑坡位于博山镇，体积为74 160 m^3，面积为0.021 km^2。博山区滑坡分布如图2.7所示。

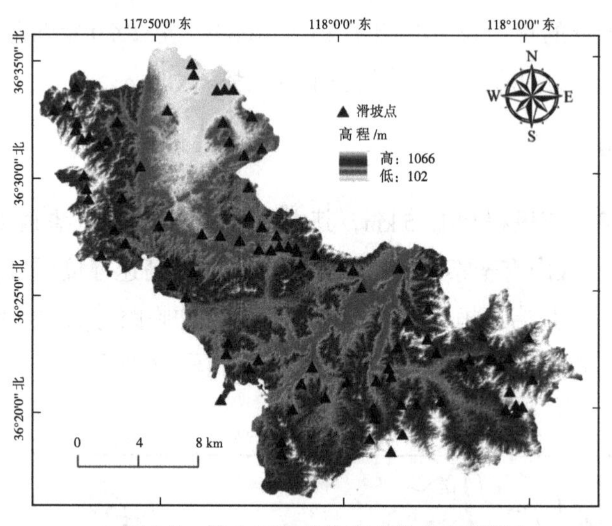

图2.7　博山区滑坡分布（见书末彩插）

此外，为给后续滑坡敏感性建模提供数据支撑，本书著者于2021年调查了博山区99处无明显滑坡迹象的普通边坡。

2.2　数据来源及预处理

2.2.1 数据来源

本书在滑坡敏感性建模时使用的数据如表2.3所示。

表 2.3　滑坡敏感性建模使用的数据

数据源	可提取的信息	数据提供者及下载地址
Landsat TM 影像	土地利用、*NDVI*	地理空间数据云（http://www.gscloud.cn/）
博山区数字高程模型（DEM）	高程、坡度、坡向、剖面曲率、平面曲率、水流强度指数（*SPI*）、沉积物运移指数（*STI*）、地形湿度指数（*TWI*）	
山东省断层数据	断层距离	地质专业知识服务系统（http://geol.cgl.org.cn/index.html）
博山区道路数据	道路距离	地理空间数据云（http://www.gscloud.cn/）
山东省河流数据	河流距离	中国科学院地理科学与资源研究所资源环境科学数据中心（http://www.resdc.cn/）
山东省地质图	地层岩性	
山东省人口密度分布	人口密度	
博山区地质灾害普查数据、博山区地质灾害防治方案	滑坡数据	淄博市自然资源和规划局、淄博市交通运输局

2.2.2 数据预处理

基于 ArcGIS 10.2 对博山区 DEM 进行解译，利用栅格表面分析功能提取高程、坡度、坡向、剖面曲率和平面曲率，利用水文分析功能提取 *SPI*、*STI* 和 *TWI*；基于 ArcGIS 10.2 对断层数据、道路数据和河流数据进行缓冲区分析，提取断层距离、道路距离和河流距离；基于 ENVI 5.3 对 Landsat TM 影像进行波段计算，提取 *NDVI* 和土地利用因子数据。所有因子均重采样为 30 m × 30 m 空间分辨率的栅格数据。

2.3　滑坡影响因素分析

2.3.1 地形及地质因素

本节选取的博山区地形及地质影响因素包括高程、坡度、坡向、平面曲率、剖面曲率、岩性和断层距离。

（1）高程

高程是坡体应力的重要影响因素，坡体应力随高程的增加而增加，进而影响边坡的势能。不同的高程范围易产生不同的土壤类型和植被类型，且受到的降雨和人类活动影响亦有差异，因此高程是滑坡的重要驱动因素。

自然间断点法是基于数据固有属性的自然分组，通过计算组总偏差平方和（SDCM）来确定最佳分类范围。当SDCM最小时，分组最恰当。SDCM计算方法如式2.1、式2.2所示。

$$\mathrm{SDAM}=\sum_{i=1}^{n}\left(X_i-\bar{X}\right)^2，\tag{2.1}$$

$$\mathrm{SDCM}=\mathrm{SDAM}_1+\mathrm{SDAM}_2+\cdots+\mathrm{SDAM}_k。\tag{2.2}$$

式中：SDCM为k组的组总偏差平方和，SDAM为单组的总偏差平方和，k为分组数，n为分组的元素数量，X_i为第i个元素值，$\bar{X}$为分组的元素均值。使用ArcGIS 10.2标准分类功能中的自然间断点法将博山区高程分为8级，如图2.8所示。统计各高程区间的滑坡数量，高程处于329～402 m区间的区域滑坡数量最多，如表2.4所示。

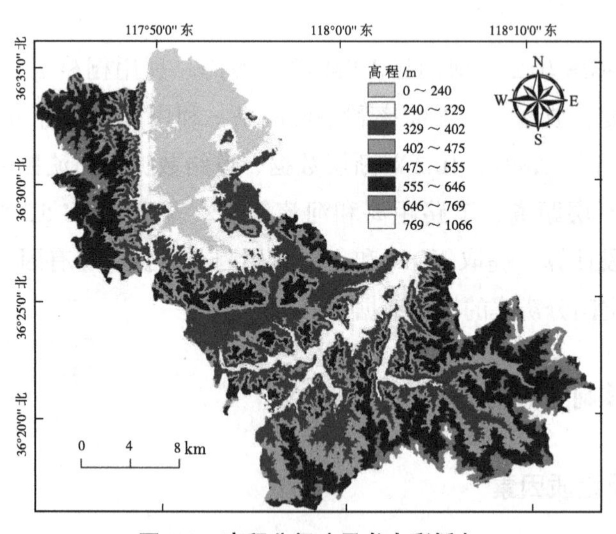

图2.8　高程分级（见书末彩插）

表 2.4　各高程区间的滑坡数量

高程 /m	0 ～ 240	240 ～ 329	329 ～ 402	402 ～ 475
滑坡数量 / 处	5	16	23	20
高程 /m	475 ～ 555	555 ～ 645	645 ～ 769	769 ～ 1066
滑坡数量 / 处	15	11	6	3

（2）坡度

坡度影响着边坡临空面发育和坡体空间几何分布的特征，控制着边坡的地表径流和松散物厚度，影响边坡水土流失的程度。一般来说，坡度越大，重力在坡面上的分力越大，坡脚处的应力越集中，边坡失稳的概率越大。博山区坡度介于 0° ～ 61° ，基于自然间断点法将坡度分为 8 级，如图 2.9 所示。统计各坡度区间的滑坡数量，坡度处于 29.9016° ～ 36.5463° 区间的区域滑坡数量最多，如表 2.5 所示。

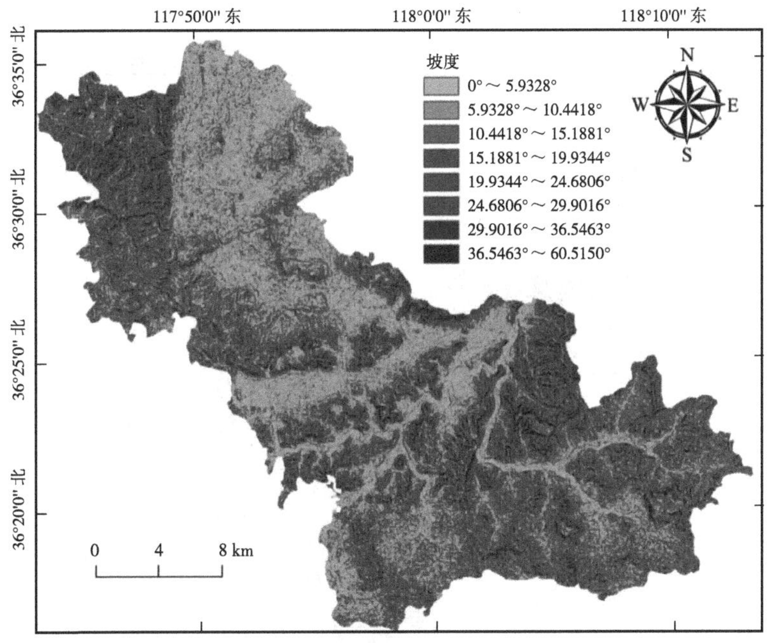

图 2.9　坡度分级（见书末彩插）

表 2.5 各坡度区间的滑坡数量

坡度	0° ～ 5.9328°	5.9328° ～ 10.4418°	10.4418° ～ 15.1881°	15.1881° ～ 19.9344°
滑坡数量 / 处	3	6	18	15
坡度	19.9344° ～ 24.6806°	24.6806° ～ 29.9016°	29.9016° ～ 36.5463°	36.5463° ～ 60.5150°
滑坡数量 / 处	18	15	19	5

（3）坡向

坡向是边坡临空面的朝向。坡向不同，边坡受太阳辐射的影响便不同，太阳辐射会导致边坡上光、热和水分的再分配，控制边坡小气候的形成。一般而言，阳坡易发生滑坡，阳坡受到光照时间长，水分蒸发快，岩石风化程度高，边坡稳定性差。基于方位角将坡向分为 9 个区间，每 45° 是一个分级状态，如图 2.10 所示。统计各坡向区间的滑坡数量，坡向为南和东南的区域滑坡数量最多，如表 2.6 所示。

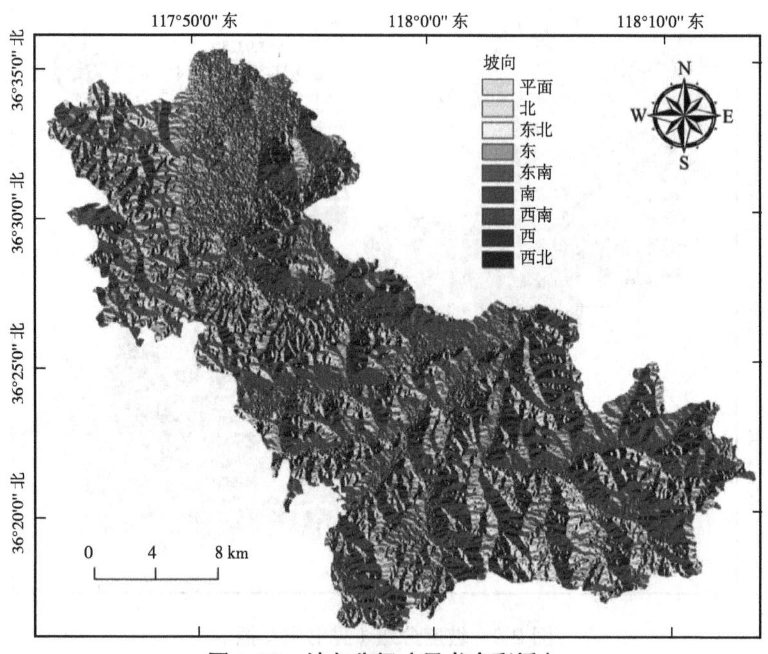

图 2.10 坡向分级（见书末彩插）

表 2.6　各坡向区间的滑坡数量

坡向	平面	北	东北	东	东南	南	西南	西	西北
滑坡数量 / 处	0	15	14	11	16	16	11	6	10

（4）平面曲率

地面曲率是对地形表面某点扭曲变化程度的定量化度量因子，其中平面曲率是水平面与地面相交形成曲线的曲率，即等高线的曲率，控制着岩土体和水在滑坡运动方向上的收敛或发散。基于自然间断点法将平面曲率分为 8 级，如图 2.11 所示。统计各平面曲率区间的滑坡数量，平面曲率处于 -0.1145 ～ 0.3056 区间的区域滑坡数量最多，如表 2.7 所示。

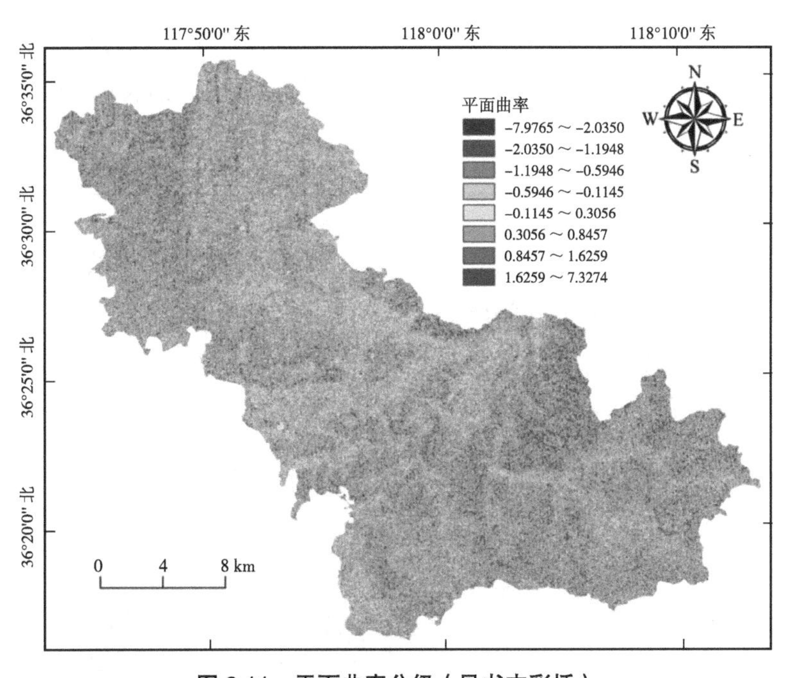

图 2.11　平面曲率分级（见书末彩插）

表 2.7 各平面曲率区间的滑坡数量

平面曲率	-7.9765 ～ -2.0350	-2.0350 ～ -1.1948	-1.1948 ～ -0.5946	-0.5946 ～ -0.1145
滑坡数量 / 处	1	6	11	23
平面曲率	-0.1145 ～ 0.3056	0.3056 ～ 0.8457	0.8457 ～ 1.6259	1.6259 ～ 7.3274
滑坡数量 / 处	29	18	7	4

（5）剖面曲率

剖面曲率是垂直平面与地面相交形成曲线的曲率，是坡面几何特征的直接反映，影响着滑坡运动方向上的驱动应力和抵抗应力。基于自然间断点法将剖面曲率分为 8 级，如图 2.12 所示。统计各剖面曲率区间的滑坡数量，剖面曲率处于 -0.1427 ～ 0.4118 区间的区域滑坡数量最多，如表 2.8 所示。

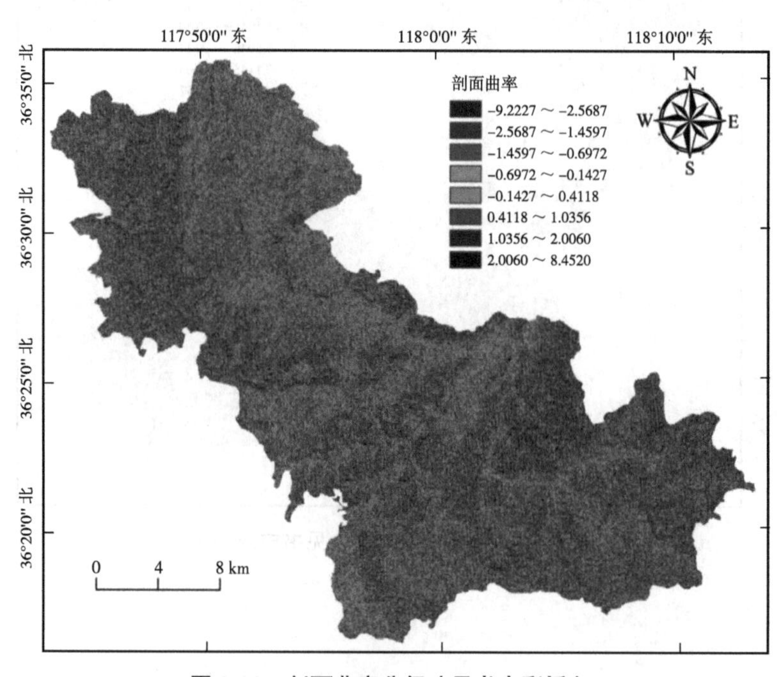

图 2.12 剖面曲率分级（见书末彩插）

表 2.8　各剖面曲率区间的滑坡数量

剖面曲率	−9.2227 ~ −2.5687	−2.5687 ~ −1.4597	−1.4597 ~ −0.6972	−0.6972 ~ −0.1427
滑坡数量 / 处	1	4	13	20
剖面曲率	−0.1427 ~ 0.4118	0.4118 ~ 1.0356	1.0356 ~ 2.0060	2.0060 ~ 8.4520
滑坡数量 / 处	29	19	10	3

（6）岩性

岩性是滑坡发生的重要物质基础，决定边坡抗风化和抗变形破坏的能力，是控制边坡是否稳定的根本因素。不同岩性单元的结构强度差异很大，受降雨、地震诱发因素扰动的影响不同，岩性还制约着边坡变形破坏的形式。博山区岩性分为 16 类，如图 2.13 所示。统计各岩性区间的滑坡数量，岩性为泥岩、页岩夹砂岩的区域滑坡数量最多，如表 2.9 所示。

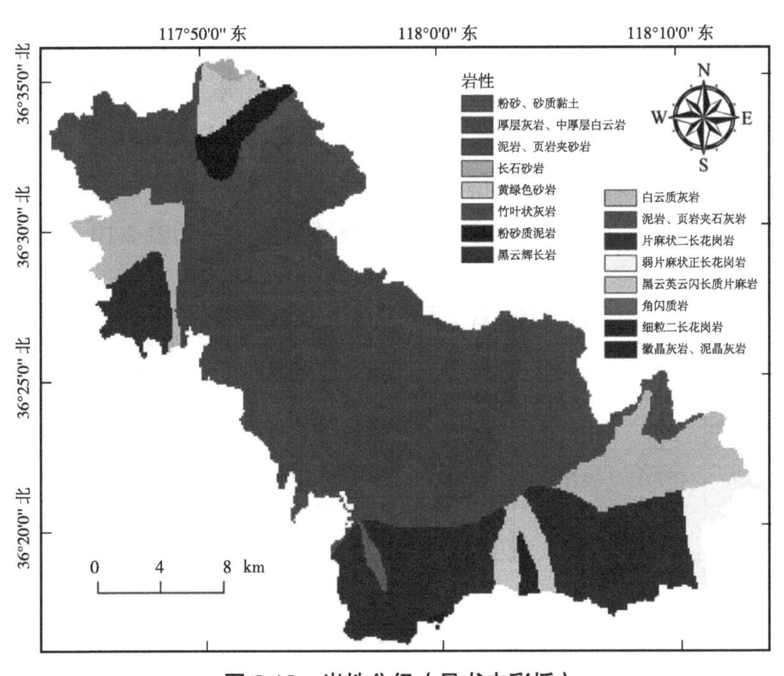

图 2.13　岩性分级（见书末彩插）

表 2.9 各岩性区间的滑坡数量

岩性	粉砂、砂质黏土	厚层灰岩、中厚层白云岩	泥岩、页岩夹砂岩	长石砂岩	黄绿色砂岩	竹叶状灰岩
滑坡数量 / 处	15	3	20	1	2	19
岩性	粉砂质泥岩	黑云辉长岩	白云质灰岩	泥岩、页岩夹石灰岩	片麻状二长花岗岩	弱片麻状正长花岗岩
滑坡数量 / 处	1	0	15	3	14	1
岩性	黑云英云闪长质片麻岩	角闪质岩	细粒二长花岗岩	微晶灰岩、泥晶灰岩		
滑坡数量 / 处	2	0	1	0		

（7）断层距离

断裂带附近岩体破碎，稳定性差，为滑坡提供了充足的物质来源，同时断层面、节理面等地质构造面控制着滑坡面的空间位置和滑坡边界，有利于滑坡地貌条件的形成。一般来说，距断层越近，切割、分离坡体的地质构造发育越迅速，滑坡发生概率越大，形成的滑坡规模往往也越大。基于自然间断点法将断层距离分为 8 级，如图 2.14 所示。统计各断层距离区间的滑坡数量，断层距离处于 0 ～ 791.53 m 区间的区域滑坡数量最多，如表 2.10 所示。

表 2.10 各断层距离区间的滑坡数量

断层距离 /m	0 ～ 791.53	791.53 ～ 1686.30	1686.30 ～ 2546.65	2546.65 ～ 3407.01
滑坡数量 / 处	25	23	14	13
断层距离 /m	3407.01 ～ 4267.37	4267.37 ～ 5196.55	5196.55 ～ 6435.46	6435.46 ～ 8775.63
滑坡数量 / 处	12	7	4	1

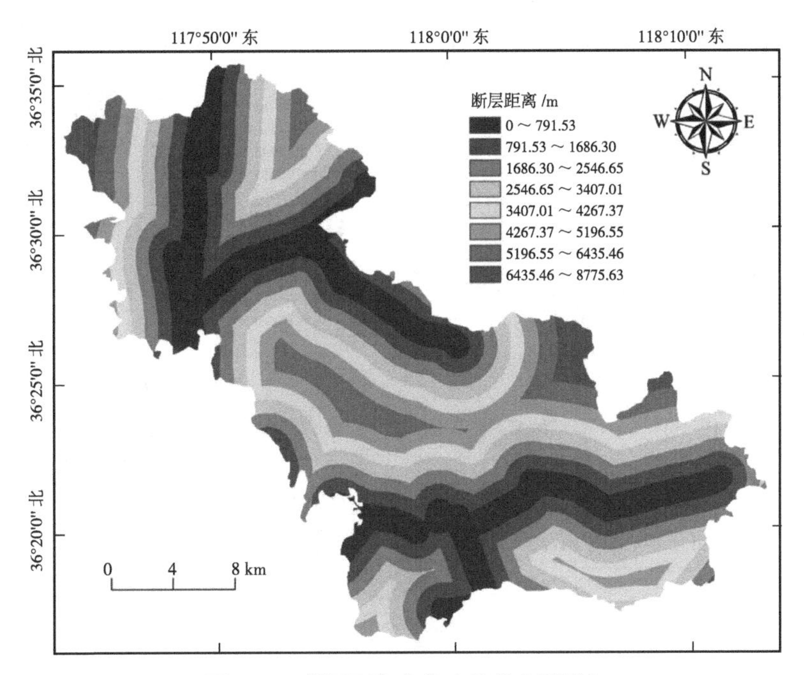

图 2.14　断层距离分级（见书末彩插）

2.3.2 水文及植被因素

本节选取的博山区水文及植被影响因素包括河流距离、*TWI*、*STI*、*SPI* 和 *NDVI*。

（1）河流距离

河流是滑坡的诱发因素之一，河流侵蚀坡体，导致边坡产生众多临空面，边坡稳定性差。一般来说，距河流近的区域土体含水量高、重度大、抗剪强度低，导致边坡抗滑力小，滑坡发生的概率大。基于自然间断点法将河流距离分为 8 级，如图 2.15 所示。统计各河流距离区间的滑坡数量，河流距离处于 0 ~ 214.9345 m 区间的区域滑坡数量最多，如表 2.11 所示。

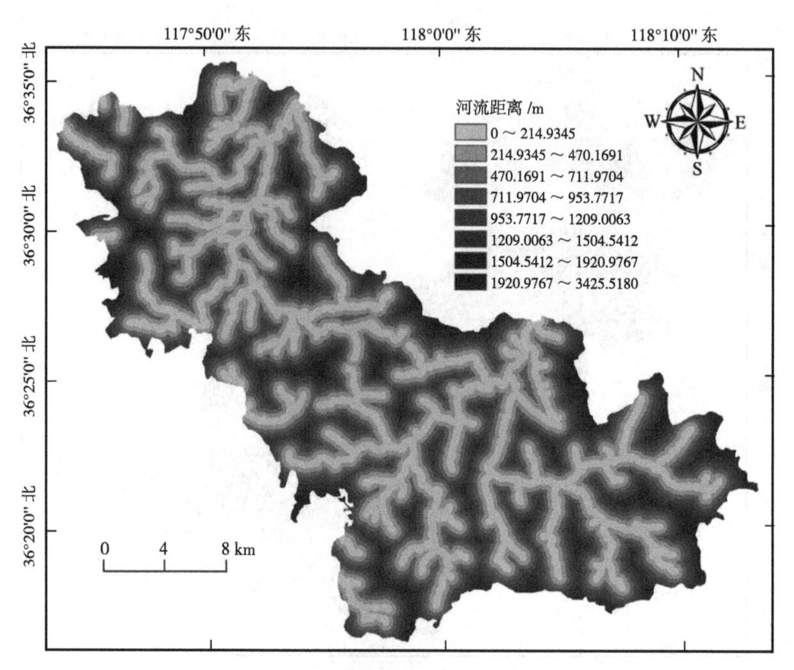

图 2.15 河流距离分级（见书末彩插）

表 2.11 各河流距离区间的滑坡数量

河流距离 /m	0 ～ 214.9345	214.9345 ～ 470.1691	470.1691 ～ 711.9704
滑坡数量 / 处	24	23	17
河流距离 /m	711.9704 ～ 953.7717	953.7717 ～ 1209.0064	1209.0064 ～ 1504.5413
滑坡数量 / 处	7	9	6
河流距离 /m	1504.5413 ～ 1920.9768	1920.9768 ～ 3425.5181	
滑坡数量 / 处	6	7	

（2）*TWI*

TWI 综合考虑地形和土壤特性对地面水分分布的影响，量化了地形对基本水文过程的控制作用，常用于描述地面饱和径流的程度，随汇流累积面积的增加而增大。*TWI* 计算方法如式 2.3 所示。

$$TWI = \ln\left(\frac{A_s}{\tan\beta}\right)。\tag{2.3}$$

式中：A_s 为单位等高线长度上地表水流经的上游区域面积，由汇流累积面积与上游水流长度值计算，β 为地形坡度。基于自然间断点法将 *TWI* 分为 8 级，如图 2.16 所示。统计各 *TWI* 区间的滑坡数量，*TWI* 处于 5.1384 ~ 6.1675 区间的区域滑坡数量最多，如表 2.12 所示。

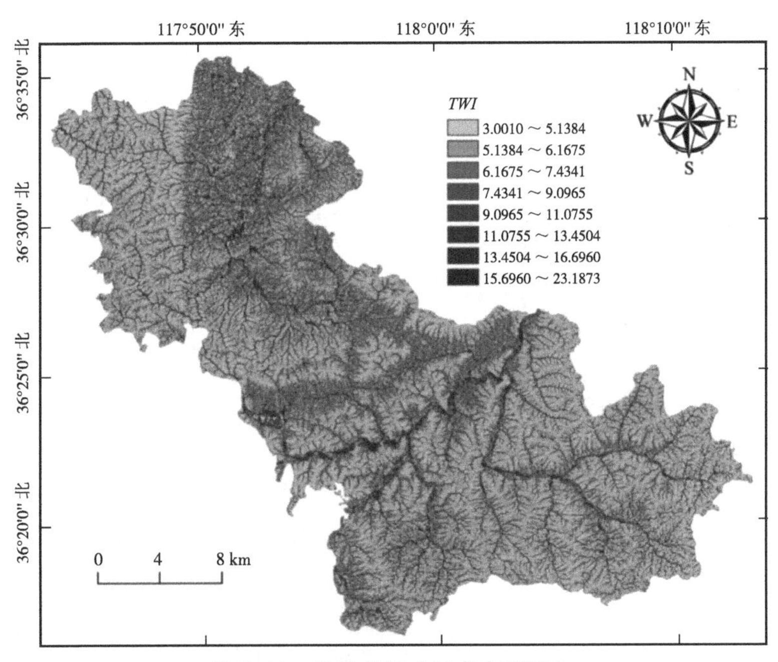

图 2.16　*TWI* 分级（见书末彩插）

表 2.12　各 *TWI* 区间的滑坡数量

TWI	3.0010 ~ 5.1384	5.1384 ~ 6.1675	6.1675 ~ 7.4341	7.4341 ~ 9.0965
滑坡数量 / 处	24	31	18	11
TWI	9.0965 ~ 11.0755	11.0755 ~ 13.4504	13.4504 ~ 16.6960	16.6960 ~ 23.1873
滑坡数量 / 处	6	6	2	1

（3）*STI*

STI 是表征坡面沉积物运移的综合地形变量，不仅表示地表流沙等物质随水流输送的程度，还反映了泥沙的淤积程度。一般来说，*STI* 越大，越容易发生滑坡。*STI* 计算方法如式 2.4 所示。

$$STI=\left(\frac{A_s}{22.13}\right)^{0.6}\times\left(\frac{\sin\beta}{0.0896}\right)^{1.3}。\tag{2.4}$$

基于自然间断点法将 *STI* 分为 8 级，如图 2.17 所示。统计各 *STI* 区间的滑坡数量，*STI* 处于 2.1134 ～ 12.9532 区间的区域滑坡数量最多，如表 2.13 所示。

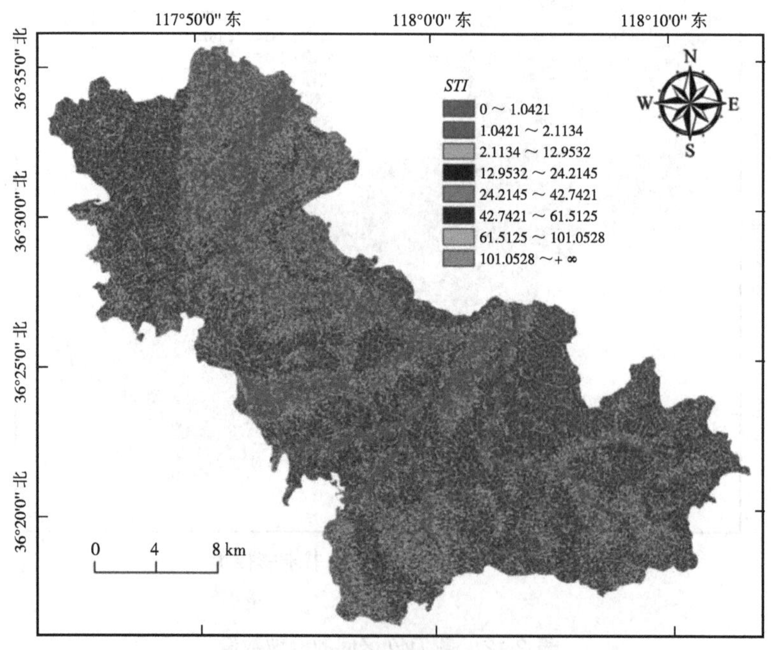

图 2.17　*STI* 分级（见书末彩插）

表 2.13　各 *STI* 区间的滑坡数量

STI	0 ～ 1.0421	1.0421 ～ 2.1134	2.1134 ～ 12.9532	12.9532 ～ 24.2145
滑坡数量 / 处	8	8	42	21
STI	24.2145 ～ 42.7421	42.7421 ～ 61.5125	61.5125 ～ 101.0528	101.0528 ～ + ∞
滑坡数量 / 处	14	3	2	1

（4）*SPI*

SPI 是表征地表水流侵蚀能力的重要参数，可用于确定水流汇集形成的强水流路径和易出现沟谷侵蚀的地点。*SPI* 越大，地表水流的侵蚀能力越强，越容易导致边坡失稳。*SPI* 计算方法如式 2.5 所示。

$$SPI=A_s \cdot \tan\beta。\tag{2.5}$$

基于自然间断点法将 *SPI* 分为 8 级，如图 2.18 所示。统计各 *SPI* 区间的滑坡数量，*SPI* 处于 5.0352～21.7211 区间的区域滑坡数量最多，如表 2.14 所示。

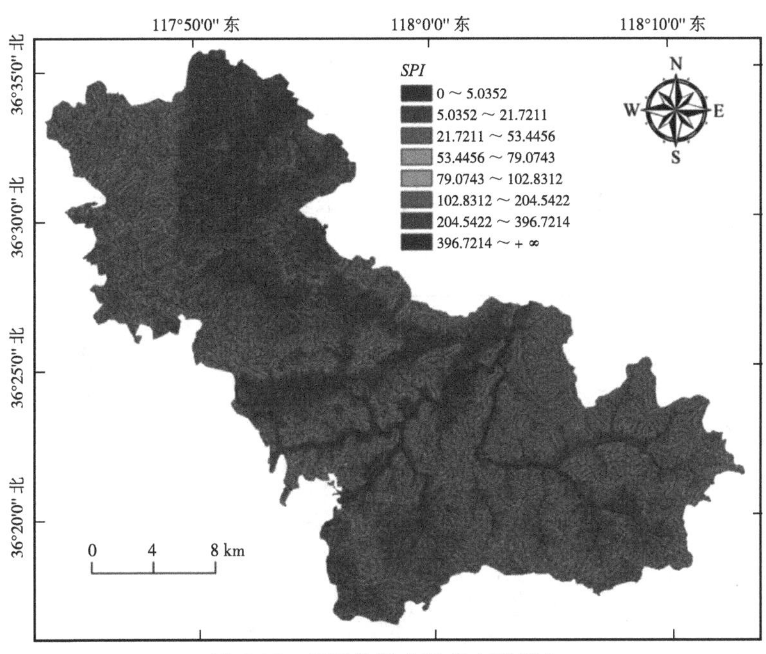

图 2.18　*SPI* 分级（见书末彩插）

表 2.14　各 *SPI* 区间的滑坡数量

SPI	0～5.0352	5.0352～21.7211	21.7211～53.4456	53.4456～79.0743
滑坡数量 / 处	17	29	25	10
SPI	79.0743～102.8312	102.8312～204.5422	204.5422～396.7214	396.7214～+∞
滑坡数量 / 处	2	6	4	6

（5）*NDVI*

NDVI 是反映植被覆盖程度的指标，其值介于 –1.0 ～ 1.0。一方面，密集的植被可以遮挡雨水，降低雨水对边坡的影响；另一方面，植被的根劈作用对岩石裂隙壁产生挤压，引起岩石破坏，进而加大水流渗入，影响边坡稳定。当 $NDVI < 0$ 时，地表覆盖云、水、雪等，对可见光高反射；当 $NDVI=0$ 时，地表多为岩石或裸土；当 $NDVI > 0$ 时，地表有植被覆盖，且植被覆盖程度随 *NDVI* 的增大而增大。*NDVI* 计算方法如式 2.6 所示。

$$NDVI = \frac{NIR - R}{NIR + R} \text{。} \tag{2.6}$$

式中：*NIR* 为近红外波段的反射值，*R* 为红光波段的反射值。基于自然间断点法将 *NDVI* 分为 8 级，如图 2.19 所示。统计各 *NDVI* 区间的滑坡数量，*NDVI* 处于 0.1823 ～ 0.2561 区间的区域滑坡数量最多，如表 2.15 所示。

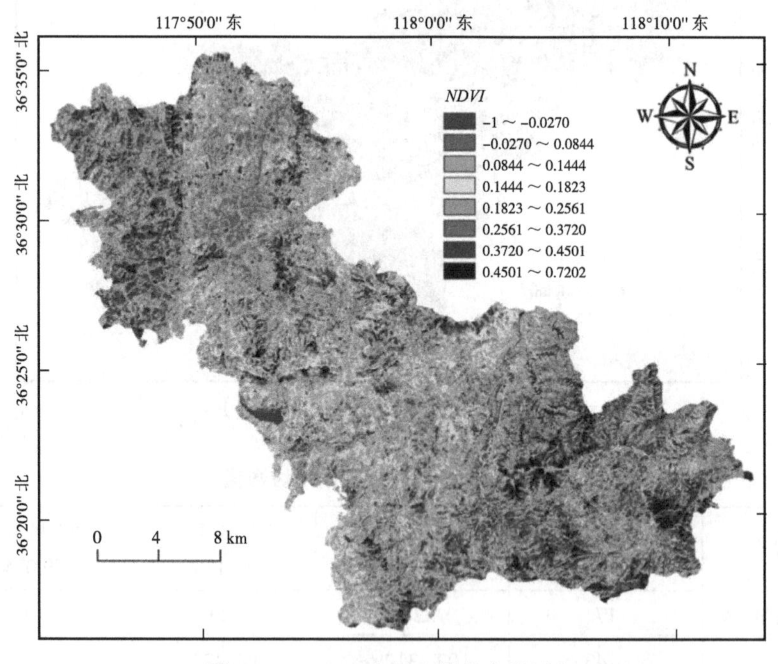

图 2.19　*NDVI* 分级（见书末彩插）

表 2.15　*NDVI* 各区间的滑坡数量

NDVI	–1 ～ –0.0270	–0.0270 ～ 0.0844	0.0844 ～ 0.1444	0.1444 ～ 0.1823
滑坡数量 / 处	1	4	13	23
NDVI	0.1823 ～ 0.2561	0.2561 ～ 0.3720	0.3720 ～ 0.4501	0.4501 ～ 0.7202
滑坡数量 / 处	28	18	9	3

2.3.3 人类活动因素

本节选取的博山区人类活动影响因素包括道路距离、人口密度和土地利用。

（1）道路距离

道路修建会引起大量的边坡开挖，造成坡体内部应力重分布，从而破坏自然稳定边坡的平衡状态，诱发滑坡的产生。一般来说，距道路近的区域，人类活动频繁，地质环境脆弱，滑坡发生概率大。基于自然间断点法将道路距离分为 8 级，如图 2.20 所示。统计各道路距离区间的滑坡数量，道路距离处于 0 ～ 206.8845 m 区间的区域滑坡数量最多，如表 2.16 所示。

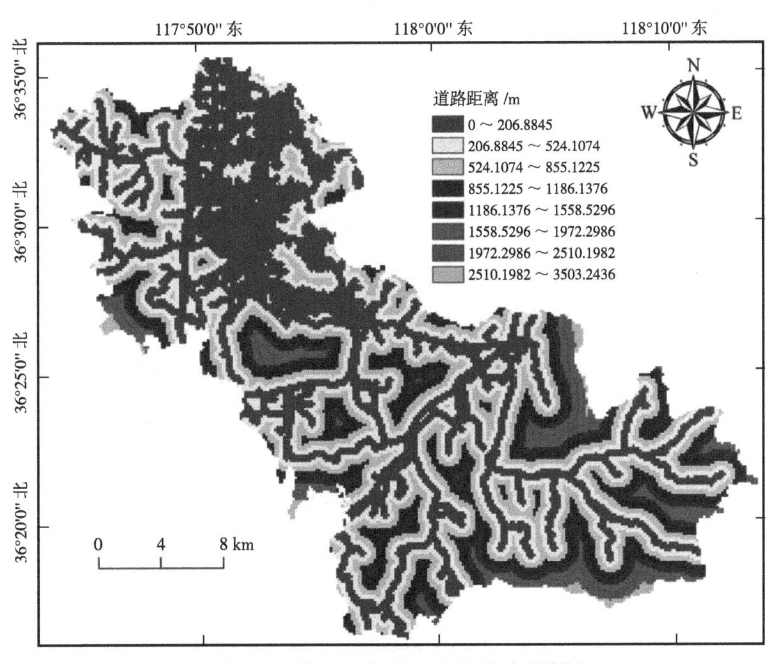

图 2.20　道路距离分级（见书末彩插）

表 2.16　各道路距离区间的滑坡数量

道路距离 /m	0 ～ 206.8845	206.8845 ～ 524.1073	524.1073 ～ 855.1225
滑坡数量 / 处	47	27	15
道路距离 /m	855.1225 ～ 1186.1376	1186.1376 ～ 1558.5296	1558.5296 ～ 1972.2986
滑坡数量 / 处	4	2	2
道路距离 /m	1972.2986 ～ 2510.1982	2510.1982 ～ 3503.2436	
滑坡数量 / 处	1	1	

（2）人口密度

人口密度反映人类工程活动的强度。人口密集地区房屋、道路、矿井和隧道建造等人类活动频繁，人口密度小的区域往往处于山区，人类活动较少。基于自然间断点法将人口密度分为 8 级，如图 2.21 所示。统计各人口密度区间的滑坡数量，人口密度处于 23.1670 ～ 544.5703 人 /km^2 区间的区域滑坡数量最多，如表 2.17 所示。

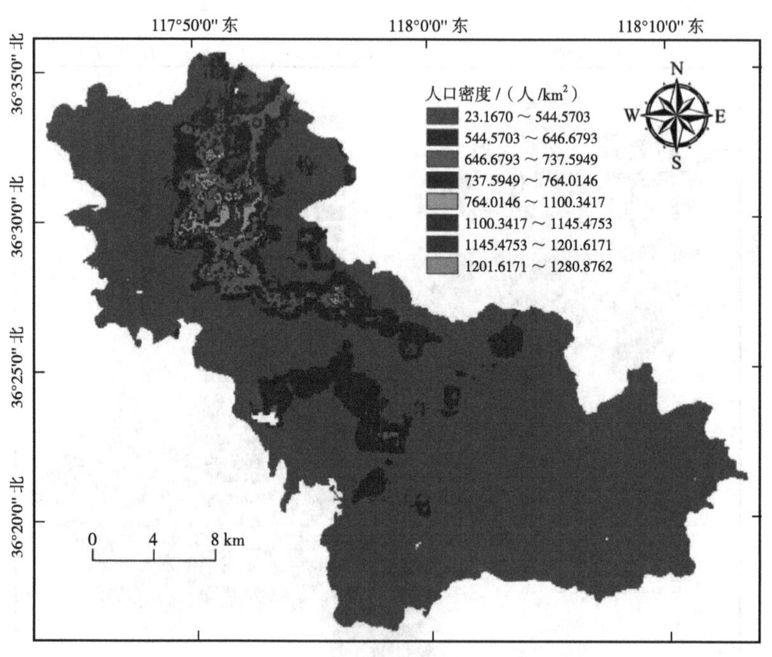

图 2.21　人口密度分级（见书末彩插）

表 2.17　各人口密度区间的滑坡数量

人口密度 /（人 /km^2）	23.1670 ～ 544.5703	544.5703 ～ 646.6793	646.6793 ～ 737.5949
滑坡数量 / 处	63	14	11
人口密度 /（人 /km^2）	737.5949 ～ 764.0146	764.0146 ～ 1100.3417	1100.3417 ～ 1145.4753
滑坡数量 / 处	2	4	4
人口密度 /（人 /km^2）	1145.4753 ～ 1201.6171	1201.6171 ～ 1280.8762	
滑坡数量 / 处	1	0	

（3）土地利用

不同土地利用类型区域的人类活动强度不同。一般来说，人造用地的建筑物集中，斜坡加载严重，工程活动频繁，坡体软弱面常因工程开挖而出露，在降水、地震等诱导条件下极易发生滑坡。同时，土地利用类型的变化易导致地质环境的稳定性降低，如林地的不规范开发会破坏原有植被，使边坡水土流失，降雨入渗的速度加快，边坡稳定性降低，诱发滑坡的发生。博山区土地利用分为 6 类，如图 2.22 所示。统计各土地利用区间的滑坡数量，土地利用为林地的区域滑坡数量最多，如表 2.18 所示。

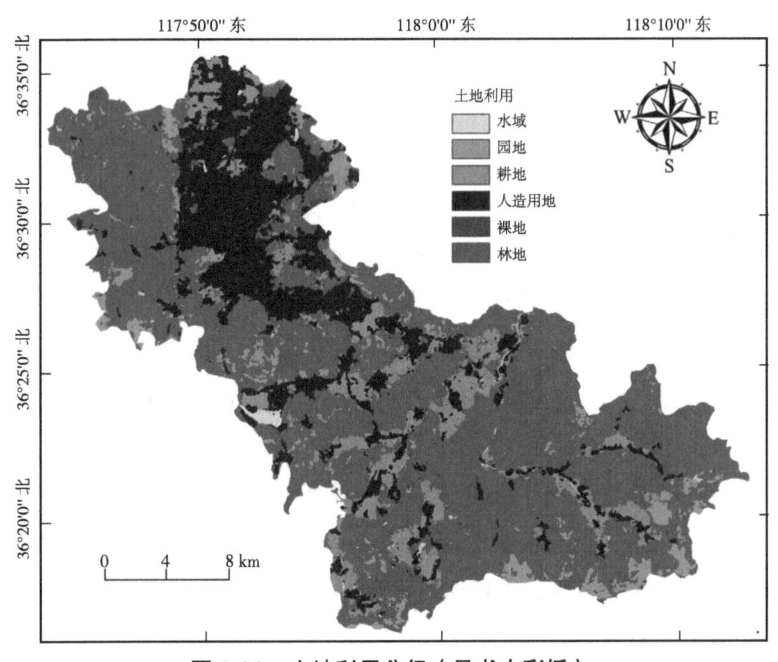

图 2.22　土地利用分级（见书末彩插）

表 2.18　各土地利用区间的滑坡数量

土地利用	耕地	林地	园地	水域	人造用地	裸地
滑坡数量 / 处	13	41	23	1	21	0

2.4　致灾因子筛选

致灾因子筛选是滑坡敏感性评价的重要环节。致灾因子数量对滑坡敏感性评价结果有显著影响，过多的致灾因子会导致模型复杂度增加、运行速率缓慢。此外，由于致灾因子间并非完全独立，过多的致灾因子会加剧共线性问题，导致模型存在过多的冗余信息，造成评价结果不可靠。另外，过少的致灾因子极易忽略重要的影响因素，降低模型评价结果的准确度。因此，在构建滑坡敏感性评价因子组合前，需对致灾因子进行相关性分析和共线性检验。

2.4.1 相关性分析

Pearson 相关系数法用于度量 2 个变量间的相关程度，其值介于 –1.0 ～ 1.0，计算方法如式 2.7 所示。

$$\rho_{X,Y}=\frac{\mathrm{cov}(X,Y)}{\sigma_X\sigma_Y}=\frac{E\left[\left(X-\mu_X\right)\left(Y-\mu_Y\right)\right]}{\sigma_X\sigma_Y}\text{。} \tag{2.7}$$

式中：$\rho_{X,Y}$ 为变量 X、Y 的 Pearson 相关系数，μ_X、μ_Y 为变量 X、Y 的均值，σ_X、σ_Y 为变量 X、Y 的方差，E 为期望。$\rho_{X,Y}$=1.0 代表 X、Y 的所有数据点均落在一条直线上，且 Y 随 X 的增大而增大；$\rho_{X,Y}$=–1.0 也代表 X、Y 的所有数据点落在一条直线上，但 Y 随 X 的增大而减小；$\rho_{X,Y}$=0 代表 X、Y 无线性关系。一般认为，$|\rho_{X,Y}| > 0.4$ 时 X、Y 存在强相关性。使用 SPSS 23.0 计算博山区地形及地质影响因素（高程、坡度、坡向、平面曲率、剖面曲率、岩性和断层距离）、水文及植被影响因素（河流距离、*TWI*、*STI*、*SPI* 和 *NDVI*）、人类活动影响因素（道路距离、人口密度和土地利用）的 Pearson 相关系数，结果如表 2.19 至表 2.21 所示。

表 2.19　地形及地质因素的 Pearson 相关系数计算结果

	高程	坡度	坡向	平面曲率	剖面曲率	岩性	断层距离
高程	1.000	0.372	0.026	0.026	−0.038	0.332	0.119
坡度	0.372	1.000	−0.017	0.045	0.002	0.164	0.063
坡向	0.026	−0.017	1.000	0.016	−0.049	−0.005	−0.007
平面曲率	0.026	0.045	0.016	1.000	−0.599	−0.017	0.003
剖面曲率	−0.038	0.002	−0.049	−0.599	1.000	0.022	0.053
岩性	0.332	0.164	−0.005	−0.017	0.022	1.000	−0.206
断层距离	0.119	0.063	−0.007	0.003	0.053	−0.206	1.000

表 2.20　水文及植被因素的 Pearson 相关系数计算结果

	河流距离	*TWI*	*STI*	*SPI*	*NDVI*
河流距离	1.000	−0.227	0.007	−0.102	0.059
TWI	−0.227	1.000	0.355	0.372	0.027
STI	0.007	0.355	1.000	0.816	0.094
SPI	−0.102	0.372	0.816	1.000	−0.001
NDVI	0.059	0.027	0.094	−0.001	1.000

表 2.21　人类活动因素的 Pearson 相关系数计算结果

	道路距离	土地利用	人口密度
道路距离	1.000	−0.014	−0.246
人口密度	−0.246	0.028	1.000
土地利用	−0.014	1.000	0.028

由表 2.19 至表 2.21 可知，地形及地质因素中平面曲率与剖面曲率的 Pearson 相关系数为 −0.599，水文及植被因素中 *SPI* 与 *STI* 的 Pearson 相关系数为 0.816，绝对值均大于 0.4，说明平面曲率与剖面曲率、*SPI* 与 *STI* 包含大量

重复信息，故在滑坡致灾因子中排除剖面曲率、*SPI*。其他致灾因子的 Pearson 相关系数均介于 -0.4 ～ 0.4，独立性较强。

2.4.2 共线性检验

方差膨胀系数（*VIF*）是检验因子共线性程度的指标。*VIF* 越大，说明变量的共线性程度越高。一般来说，当 $VIF > 10$ 时，表示变量存在严重共线性问题，*VIF* 计算方法如式 2.8 所示。

$$VIF_i = \frac{1}{1-R_i^2} \quad 。 \tag{2.8}$$

式中：R_i^2 为自变量 X_i 对其余自变量作回归分析的复相关系数。使用 SPSS 23.0 对地形及地质因素、水文及植被因素、人类活动因素经相关性分析筛选后的 13 类致灾因子进行共线性检验，检验结果如表 2.22 所示。

表 2.22　共线性检验结果

致灾因子	*VIF*	致灾因子	*VIF*	致灾因子	*VIF*
高程	3.337	岩性	1.815	道路距离	1.904
坡度	1.940	*TWI*	1.855	土地利用	1.024
坡向	1.050	*STI*	1.406	人口密度	1.174
平面曲率	1.124	*NDVI*	2.452		
断层距离	1.224	河流距离	1.633		

由表 2.22 可知，13 类致灾因子的 *VIF* 均满足临界值的要求，致灾因子的共线性程度较低，可用于后续评价因子组合的构建和模型训练。

2.5　本章小结

①介绍了博山区的地理位置、地形地貌、地层岩性、气候水文、地质构造、土地利用、交通状况和滑坡概况，获取博山区基础数据并基于 ArcGIS 10.2 和

ENVI 5.3 提取滑坡致灾因子。

②分析地形及地质因素（高程、坡度、坡向、平面曲率、剖面曲率、岩性和断层距离）、水文及植被因素（河流距离、*TWI*、*STI*、*SPI* 和 *NDVI*）、人类活动因素（道路距离、土地利用和人口密度）各致灾因子对滑坡发生的影响，使用自然间断点法对致灾因子分级，统计各致灾因子区间的滑坡数量，统一因子的投影坐标和空间分辨率，并基于 ArcGIS 10.2 绘制因子分级图。

③使用 Pearson 相关系数对地形及地质因素、水文及植被因素、人类活动因素中各致灾因子进行相关性分析，结果表明 *SPI* 和 *STI*、平面曲率和剖面曲率存在强相关性，故排除 *SPI* 和剖面曲率；利用 *VIF* 检验因子共线性，结果表明 13 类致灾因子（高程、坡度、坡向、平面曲率、断层距离、岩性、*TWI*、*STI*、*NDVI*、河流距离、道路距离、土地利用和人口密度）的 *VIF* 均小于 10，筛选后的 13 类致灾因子均符合后续评价因子组合构建的要求。

第3章　滑坡敏感性评价因子组合与量化

滑坡孕灾环境的大部分致灾因子处于较稳定状态，即不随时间发生大幅变化，但部分致灾因子随时间推移变化明显。为分析动态致灾因子时变性对滑坡敏感性评价结果的影响，本章将13类致灾因子分为10类静态致灾因子（高程、坡度、坡向、平面曲率、断层距离、岩性、*TWI*、*STI*、河流距离和道路距离）和3类动态致灾因子（*NDVI*、土地利用和人口密度），用于后续评价因子组合构建和量化。

3.1　评价因子组合

同一区域的滑坡敏感性评价结果会因不同评价因子组合产生差异。为分析动态致灾因子时变性对滑坡敏感性评价结果的影响，本章构建了3种评价因子组合。第1种借鉴现有滑坡敏感性评价研究，默认孕灾环境中各致灾因子均处于稳定状态，动态评价因子取值为最近一次滑坡发生年的实测值；第2种考虑滑坡发生在不同年份，动态评价因子取值为滑坡发生年致灾因子实测值；第3种考虑动态致灾因子的年际变化，动态评价因子取值为滑坡发生年致灾因子的变化值。建立的博山区滑坡敏感性评价因子组合如表3.1所示。

表3.1　评价因子组合

<table>
<tr><th>组合</th><th>固定评价因子</th><th>动态评价因子</th></tr>
<tr><td>组合1</td><td rowspan="3">高程、坡度、坡向、平面曲率、断层距离、岩性、TWI、STI、河流距离和道路距离等静态致灾因子</td><td>NDVI、土地利用和人口密度2021年实测值</td></tr>
<tr><td>组合2</td><td>NDVI、土地利用和人口密度各年实测值</td></tr>
<tr><td>组合3</td><td>NDVI、土地利用和人口密度年际变化值</td></tr>
</table>

3.2 评价因子量化

3.2.1 信息量法

评价因子量化是滑坡敏感性评价的关键步骤。量化方法包括频率比法、模糊层次分析法、熵权 TOPSIS 法和信息量法等，其中信息量法是基于信息理论的统计预测方法，它通过信息量（IV）度量不同评价因子区间对滑坡发生的贡献程度。同其他量化方法相比，信息量法简单易行、计算快速，对数据形式不敏感且可解释性较强，故本章使用信息量法量化评价因子。

组合 1 的各评价因子 IV 计算方法如式 3.1 所示。

$$IV_i = \ln\left(\frac{N_i/N}{S_i/S}\right)。 \tag{3.1}$$

式中：IV_i 为评价因子 i 区间的信息量，N_i 为评价因子 i 区间的滑坡栅格数，N 为 2014—2021 年博山区滑坡栅格总数，S_i 为评价因子 i 区间的栅格数，S 为博山区栅格总数。IV_i 反映评价因子 i 区间对滑坡发生的有利程度，IV_i 越大则滑坡发生概率越大。$IV_i > 0$ 说明评价因子 i 区间有利于滑坡发育；$IV_i < 0$ 说明评价因子 i 区间不利于滑坡发育；$IV_i=0$ 说明评价因子 i 区间对滑坡发育的影响不明显。

为量化因子组合 2、组合 3 的动态评价因子（动态致灾因子各年实测值、年际变化值），本章对式 3.1 添加时间变量，将动态评价因子和滑坡按年份划分，分析不同年份动态致灾因子实测值和变化值对滑坡发生的影响。IV 计算如式 3.2 所示。

$$IV_{ij} = \ln\left(\frac{N_{ij}/N_j}{S_{ij}/S}\right)。 \tag{3.2}$$

式中：IV_{ij} 为第 j 年评价因子 i 区间的信息量，N_{ij} 为第 j 年评价因子 i 区间滑坡栅格数，N_j 为第 j 年博山区滑坡栅格总数，S_{ij} 为第 j 年评价因子 i 区间栅格数，S 为博山区栅格总数。

3.2.2 固定评价因子量化结果

通过式 3.1 计算博山区滑坡固定评价因子（高程、坡度、坡向、平面曲率、断层距离、岩性、*TWI*、*STI*、河流距离和道路距离）*IV*，计算结果如表 3.2 所示。

表 3.2　固定评价因子 *IV*

固定评价因子	变量值范围	区间栅格数	区间占比	区间滑坡栅格数	区间滑坡栅格占比	*IV* 值
高程 /m	0 ～ 240	85 557	0.110	74	0.051	–0.7687
	240 ～ 329	108 070	0.140	236	0.162	0.1460
	329 ～ 402	165 856	0.214	339	0.232	0.0808
	402 ～ 475	141 223	0.182	295	0.202	0.1043
	475 ～ 555	114 264	0.148	221	0.151	0.0201
	555 ～ 645	92 237	0.119	162	0.111	–0.0696
	645 ～ 769	54 820	0.071	89	0.061	–0.1518
	769 ～ 1066	12 543	0.016	44	0.030	0.6286
坡度	0° ～ 5.9328°	148 948	0.192	142	0.097	–0.6828
	5.9328° ～ 10.4418°	168 743	0.218	210	0.144	–0.4147
	10.4418° ～ 15.1881°	141 830	0.183	221	0.151	–0.1922
	15.1881° ～ 19.9344°	112 992	0.147	256	0.175	0.1744
	19.9344° ～ 24.6806°	84 716	0.109	203	0.140	0.2503
	24.6806° ～ 29.9016°	62 658	0.081	196	0.134	0.5034
	29.9016° ～ 36.5463°	39 853	0.051	161	0.110	0.7687
	36.5463° ～ 60.5150°	14 830	0.019	71	0.049	0.9474
坡向	平面	4893	0.006	0	0	0
	北	120 794	0.156	237	0.162	0.0377
	东北	101 005	0.130	234	0.160	0.2076

续表

固定评价因子	变量值范围	区间栅格数	区间占比	区间滑坡栅格数	区间滑坡栅格占比	*IV* 值
坡向	东	78 792	0.102	161	0.110	0.0755
	东南	91 177	0.118	219	0.150	0.2400
	南	106 066	0.137	199	0.136	−0.0073
	西南	92 830	0.120	161	0.110	−0.0870
	西	76 958	0.099	94	0.064	−0.4362
	西北	102 054	0.132	155	0.106	−0.2194
平面曲率	−7.9765 ~ −2.0350	7311	0.009	15	0.010	0.1054
	−2.0350 ~ −1.1948	37 545	0.048	85	0.058	0.1892
	−1.1948 ~ −0.5946	99 773	0.129	161	0.110	−0.1593
	−0.5946 ~ −0.1145	183 022	0.236	339	0.232	−0.0171
	−0.1145 ~ 0.3056	199 852	0.258	432	0.296	0.1374
	0.3056 ~ 0.8457	150 018	0.195	263	0.180	−0.0800
	0.8457 ~ 1.6259	75 910	0.098	108	0.074	−0.2809
	1.6259 ~ 7.3274	21 140	0.027	58	0.040	0.3930
断层距离 /m	0 ~ 791.53	138 669	0.178	361	0.247	0.3276
	791.53 ~ 1686.30	141 261	0.182	342	0.234	0.2513
	1686.30 ~ 2546.65	128 384	0.166	208	0.142	−0.1562
	2546.65 ~ 3407.01	115 321	0.149	199	0.136	−0.0913
	3407.01 ~ 4267.37	107 743	0.139	169	0.116	−0.1809
	4267.37 ~ 5196.55	77 871	0.101	106	0.073	−0.3247
	5196.55 ~ 6435.46	48 623	0.063	61	0.042	−0.4055
	6435.46 ~ 8775.63	16 697	0.022	14	0.010	−0.7885

续表

固定评价因子	变量值范围	区间栅格数	区间占比	区间滑坡栅格数	区间滑坡栅格占比	*IV* 值
岩性	粉砂、砂质黏土	11 696	0.015	89	0.061	1.4028
	厚层灰岩、中厚层白云岩	146 576	0.188	192	0.132	−0.3536
	泥岩、页岩夹砂岩	46 060	0.059	324	0.222	1.3083
	长石砂岩	1228	0.002	9	0.006	1.0986
	黄绿色砂岩	6895	0.009	46	0.032	1.2685
	竹叶状灰岩	74 976	0.097	225	0.154	0.4622
	粉砂质泥岩	8221	0.011	35	0.024	0.7802
	黑云辉长岩	88	0.001	0	0	0
	白云质灰岩	372 558	0.481	348	0.238	−0.7036
	泥岩、页岩夹石灰岩	833	0.001	23	0.016	2.7726
	片麻状二长花岗岩	85 193	0.110	127	0.087	−0.2346
	弱片麻状正长花岗岩	7180	0.009	11	0.007	−0.2513
	黑云英云闪长质片麻岩	8660	0.011	29	0.020	0.5978
	角闪质岩	1885	0.001	0	0	0
	细粒二长花岗岩	2137	0.003	2	0.001	−1.0986
	微晶灰岩、泥晶灰岩	384	0.001	0	0	0
TWI	3.0010 ～ 5.1384	205 825	0.266	350	0.240	−0.1029
	5.1384 ～ 6.1675	257 617	0.333	467	0.320	−0.0398
	6.1675 ～ 7.4341	154 815	0.200	257	0.176	−0.1278
	7.4341 ～ 9.0965	70 567	0.091	164	0.112	0.2076
	9.0965 ～ 11.0755	41 059	0.053	91	0.062	0.1568
	11.0755 ～ 13.4504	28 852	0.037	82	0.056	0.4144

续表

固定评价因子	变量值范围	区间栅格数	区间占比	区间滑坡栅格数	区间滑坡栅格占比	*IV* 值
TWI	13.4504 ～ 16.6960	11 951	0.015	38	0.026	0.5500
	16.6960 ～ 23.1873	3884	0.005	12	0.008	0.4700
STI	0 ～ 1.0421	70 660	0.091	117	0.080	–0.1288
	1.0421 ～ 2.1134	75 635	0.098	107	0.073	–0.2945
	2.1134 ～ 12.9532	320 212	0.413	622	0.426	0.0310
	12.9532 ～ 24.2145	159 093	0.205	304	0.208	0.0145
	24.2145 ～ 42.7421	98 176	0.127	204	0.140	0.0975
	42.7421 ～ 61.5125	23 917	0.031	44	0.030	–0.0328
	61.5125 ～ 101.0528	14 535	0.019	35	0.024	0.2336
	101.0528 ～ + ∞	12 341	0.016	28	0.019	0.1719
河流距离 /m	0 ～ 214.9345	179 016	0.231	480	0.329	0.3536
	214.9345 ～ 470.1691	176 585	0.228	388	0.266	0.1542
	470.1691 ～ 711.9704	138 670	0.179	286	0.196	0.0907
	711.9704 ～ 953.7717	116 996	0.151	169	0.116	–0.2637
	953.7717 ～ 1209.0063	82 748	0.107	98	0.067	–0.4681
	1209.0063 ～ 1504.5412	50 404	0.065	24	0.016	–1.4018
	1504.5412 ～ 1920.9767	24 358	0.031	12	0.008	–1.3545
	1920.9767 ～ 3425.5180	5793	0.008	3	0.002	–1.3863
道路距离 /m	0 ～ 206.8845	275 173	0.355	690	0.472	0.2849
	206.8845 ～ 524.1073	186 514	0.241	420	0.288	0.1782
	524.1073 ～ 855.1225	126 167	0.163	226	0.155	–0.0503
	855.1225 ～ 1186.1376	83 471	0.108	58	0.040	–0.9933
	1186.1376 ～ 1558.5296	51 968	0.067	38	0.026	–0.9466

续表

固定评价因子	变量值范围	区间栅格数	区间占比	区间滑坡栅格数	区间滑坡栅格占比	*IV* 值
道路距离 /m	1558.5296 ~ 1972.2986	31 294	0.040	18	0.012	−1.2040
	1972.2986 ~ 2510.1982	14 583	0.019	7	0.005	−1.3350
	2510.1982 ~ 3503.2436	5401	0.007	3	0.002	−1.2528

由表 3.2 可知，博山区高程处于 769 ~ 1066 m（*IV*=0.6286）、坡度处于 36.5463° ~ 60.5150°（*IV*=0.9474）、坡向为东南（*IV*=0.2400）、平面曲率处于 1.6259 ~ 7.3274（*IV*=0.3930）、岩性为泥岩和页岩夹石灰岩（*IV*=2.7726）、断层距离处于 0 ~ 791.53 m（*IV*=0.3276）、*TWI* 处于 13.4504 ~ 16.6960（*IV*=0.5500）、*STI* 处于 61.5125 ~ 101.0528（*IV*=0.2336）、河流距离处于 0 ~ 214.9345 m（*IV*=0.3536）、道路距离处于 0 ~ 206.8845 m（*IV*=0.2849）的Ⅳ值与其他类别相比更高，最易发生滑坡。

相对应的，高程< 240 m（*IV*=−0.7687）、坡度处于 0° ~ 5.9328°（*IV*=−0.6828）、坡向为西（*IV*=−0.4362）、平面曲率处于 0.8457 ~ 1.6259（*IV*=−0.2809）、岩性为细粒二长花岗岩（*IV*=−1.0986）、断层距离> 6435.46 m（*IV*=−0.7885）、*TWI* 处于 6.16749 ~ 7.4341（*IV*=−0.1278）、*STI* 处于 1.0421 ~ 2.1134（*IV*=−0.2945）、河流距离处于 1209.0064 ~ 1504.5413 m（*IV*=−1.4018）、道路距离处于 1972.2986 ~ 2510.1982 m（*IV*=−1.3350）的区域 *IV* 值与其他类别相比更低，最不易发生滑坡。

3.2.3 动态评价因子量化结果

（1）组合 1 的动态评价因子

通过式 3.1 计算因子组合 1 的动态评价因子（*NDVI*、土地利用和人口密度 2021 年实测值）*IV*，计算结果如表 3.3 所示。

表 3.3　组合 1 的动态评价因子 *IV*

动态评价因子	变量值范围	区间栅格数	区间占比	区间滑坡栅格数	区间滑坡栅格占比	*IV* 值
NDVI	−1 ～ −0.0270	1897	0.002	3	0.002	0
	−0.0270 ～ 0.0844	34 037	0.044	69	0.047	0.0660
	0.0844 ～ 0.1444	53 816	0.069	153	0.105	0.4199
	0.1444 ～ 0.1823	84 993	0.110	203	0.139	0.2340
	0.1823 ～ 0.2561	161 857	0.209	289	0.198	−0.0541
	0.2561 ～ 0.3720	190 692	0.246	336	0.230	−0.0673
	0.3720 ～ 0.4501	167 148	0.216	287	0.197	−0.0921
	0.4501 ～ 0.7202	80 129	0.103	120	0.082	−0.2280
土地利用	耕地	77 374	0.100	63	0.043	−0.8430
	林地	498 863	0.644	839	0.574	−0.1152
	园地	39 280	0.051	255	0.175	1.2390
	水域	4763	0.006	8	0.006	−0.0165
	人造用地	153 664	0.198	295	0.202	0.0180
	裸地	626	0.001	0	0	0
人口密度 /（人 / km^2）	23.1670 ～ 544.5703	619 476	0.800	1185	0.817	0.0146
	544.5703 ～ 646.6793	106 265	0.137	202	0.138	0.0087
	646.6793 ～ 737.5949	27 770	0.036	36	0.025	−0.3711
	737.5949 ～ 764.0146	12 023	0.016	22	0.015	−0.0261
	764.0146 ～ 1100.3417	5351	0.007	9	0.006	−0.1232
	1100.3417 ～ 1145.4753	2475	0.003	4	0.003	−0.1699
	1145.4753 ～ 1201.6171	1053	0.001	2	0.001	0
	1201.6171 ～ 1280.8762	157	0.000	0	0	0

由表 3.3 可知，博山区 *NDVI* 处于 0.0844 ～ 0.1444（*IV*=0.4199）、土地利用为园地（*IV*=1.2390）、人口密度处于 23.1670 ～ 544.5703 人 /km²（*IV*=0.0146）的区域易发生滑坡。相对应的，*NDVI* 处于 0.4501 ～ 0.7202（*IV*=–0.2280）、土地利用为耕地（*IV*=–0.8430）、人口密度处于 646.6793 ～ 737.5949 人 /km²（*IV*=–0.3711）的区域不易发生滑坡。

（2）组合 2 的动态评价因子

通过式 3.2 计算评价因子组合 2 的动态评价因子（*NDVI*、土地利用和人口密度各年实测值）*IV*，计算结果如表 3.4 所示。

表 3.4　组合 2 的动态评价因子 *IV*

动态评价因子	变量值范围	区间栅格数	区间占比	区间滑坡栅格数	区间滑坡栅格占比	*IV* 值
NDVI（2014 年）	–0.3996 ～ –0.0687	40 701	0.052	0	0	0
	–0.0687 ～ 0.0016	91 310	0.118	26	0.137	0.1493
	0.0016 ～ 0.0719	126 257	0.163	40	0.211	0.2581
	0.0719 ～ 0.1422	135 607	0.175	38	0.200	0.1335
	0.1422 ～ 0.2208	137 015	0.177	32	0.168	–0.0522
	0.2208 ～ 0.3118	116 312	0.150	28	0.147	–0.0202
	0.3118 ～ 0.4193	81 211	0.105	18	0.095	–0.1001
	0.4193 ～ 0.6551	46 157	0.060	8	0.042	–0.3567
NDVI（2015 年）	–0.5383 ～ –0.2274	1044	0.001	0	0	0
	–0.2274 ～ –0.0134	56 703	0.073	8	0.076	0.0403
	–0.0134 ～ 0.1088	93 448	0.121	20	0.191	0.4565
	0.1088 ～ 0.2210	112 590	0.145	18	0.171	0.1649
	0.2210 ～ 0.3331	134 557	0.174	19	0.181	0.0394
	0.3331 ～ 0.4452	137 682	0.178	16	0.152	–0.1579
	0.4452 ～ 0.5624	124 556	0.161	15	0.143	–0.1186
	0.5624 ～ 0.7612	113 990	0.147	9	0.086	–0.5361

续表

动态评价因子	变量值范围	区间栅格数	区间占比	区间滑坡栅格数	区间滑坡栅格占比	*IV* 值
NDVI（2016 年）	−0.2953 ～ −0.0401	47 593	0.062	0	0	0
	−0.0401 ～ 0.0436	87 315	0.113	21	0.131	0.1478
	0.0436 ～ 0.1236	91 747	0.118	25	0.156	0.2792
	0.1236 ～ 0.2036	125 703	0.162	33	0.206	0.2403
	0.2036 ～ 0.2797	129 420	0.167	28	0.175	0.0468
	0.2797 ～ 0.3597	121 893	0.157	24	0.150	−0.0456
	0.3597 ～ 0.4435	103 774	0.134	19	0.119	−0.1187
	0.4435 ～ 0.6721	67 125	0.087	10	0.063	−0.3228
NDVI（2017 年）	−0.4567 ～ −0.1691	2479	0.003	0	0	0
	−0.1691 ～ −0.0041	64 557	0.083	19	0.092	0.1029
	−0.0041 ～ 0.1090	92 183	0.119	35	0.169	0.3508
	0.1090 ～ 0.2221	103 690	0.134	36	0.174	0.2612
	0.2221 ～ 0.3259	133 741	0.173	35	0.169	−0.0234
	0.3259 ～ 0.4296	143 714	0.186	35	0.169	−0.0958
	0.4296 ～ 0.5333	128 762	0.166	29	0.140	−0.1703
	0.5333 ～ 0.7455	105 444	0.136	18	0.087	−0.4467
NDVI（2018 年）	−0.3397 ～ −0.0236	43 113	0.056	0	0	0
	−0.0236 ～ 0.0614	72 003	0.093	19	0.117	0.2296
	0.0614 ～ 0.1505	84 846	0.110	28	0.173	0.4528
	0.1505 ～ 0.2356	94 081	0.121	23	0.142	0.1600
	0.2356 ～ 0.3207	128 899	0.166	27	0.167	0.0060
	0.3207 ～ 0.4058	136 939	0.177	28	0.173	−0.0229
	0.4058 ～ 0.4990	118 750	0.153	21	0.130	−0.1629
	0.4990 ～ 0.6935	95 939	0.124	16	0.098	−0.2353

续表

动态评价因子	变量值范围	区间栅格数	区间占比	区间滑坡栅格数	区间滑坡栅格占比	*IV* 值
NDVI（2019 年）	−0.5500 ～ −0.2012	2169	0.003	0	0	0
	−0.2012 ～ −0.0242	62 839	0.081	8	0.029	−1.0272
	−0.0242 ～ 0.0818	94 569	0.122	36	0.131	0.0712
	0.0818 ～ 0.1880	113 783	0.147	59	0.215	0.3802
	0.1880 ～ 0.2941	133 347	0.172	47	0.171	−0.0058
	0.2941 ～ 0.4053	136 153	0.176	52	0.189	0.0713
	0.4053 ～ 0.5166	121 229	0.156	40	0.145	−0.0731
	0.5166 ～ 0.7390	110 481	0.143	33	0.120	−0.1754
NDVI（2020 年）	−0.2628 ～ −0.0207	43 526	0.056	0	0	0
	−0.0207 ～ 0.0588	72 067	0.093	19	0.100	0.0726
	0.0588 ～ 0.1350	74 359	0.096	22	0.116	0.1892
	0.1350 ～ 0.2080	101 841	0.132	30	0.158	0.1798
	0.2080 ～ 0.2743	136 331	0.176	39	0.205	0.1525
	0.2743 ～ 0.3406	142 707	0.184	37	0.195	0.0581
	0.3406 ～ 0.4070	123 713	0.160	28	0.147	−0.0847
	0.4070 ～ 0.5827	80 026	0.103	15	0.079	−0.2653
NDVI（2021 年）	−0.3211 ～ −0.0270	1897	0.002	0	0	0
	−0.0270 ～ 0.0844	34 037	0.044	8	0.047	0.0660
	0.0844 ～ 0.1444	53 816	0.070	15	0.088	0.2288
	0.1444 ～ 0.1823	84 993	0.110	24	0.140	0.2412
	0.1823 ～ 0.2561	161 857	0.209	34	0.199	−0.0490
	0.2561 ～ 0.3720	190 692	0.246	40	0.234	−0.0500
	0.3720 ～ 0.4501	167 148	0.216	34	0.199	−0.0820
	0.4501 ～ 0.7202	80 130	0.103	16	0.093	−0.1021

续表

动态评价因子	变量值范围	区间栅格数	区间占比	区间滑坡栅格数	区间滑坡栅格占比	*IV* 值
土地利用（2014 年）	耕地	132 840	0.172	9	0.047	−1.2944
	林地	446 939	0.577	105	0.553	−0.0425
	园地	57 109	0.074	43	0.226	1.1205
	水域	4966	0.006	0	0	0
	人造用地	131 599	0.170	33	0.174	0.0238
	裸地	1117	0.002	0	0	0
土地利用（2015 年）	耕地	127 680	0.165	5	0.048	−1.2335
	林地	447 499	0.578	58	0.552	−0.0455
	园地	59 501	0.077	23	0.219	1.0479
	水域	4958	0.006	0	0	0
	人造用地	133 878	0.173	19	0.181	0.0458
	裸地	1054	0.001	0	0	0
土地利用（2016 年）	耕地	121 419	0.157	8	0.050	−1.1429
	林地	450 622	0.582	89	0.556	−0.0454
	园地	60 083	0.078	33	0.206	0.9763
	水域	5007	0.006	0	0	0
	人造用地	136 438	0.176	30	0.188	0.0654
	裸地	1001	0.001	0	0	0
土地利用（2017 年）	耕地	101 315	0.131	10	0.048	−1.0025
	林地	472 364	0.610	114	0.551	−0.1014
	园地	49 899	0.064	38	0.184	1.0498
	水域	4381	0.006	0	0	0
	人造用地	145 826	0.188	45	0.217	0.1419
	裸地	785	0.001	0	0	0

续表

动态评价因子	变量值范围	区间栅格数	区间占比	区间滑坡栅格数	区间滑坡栅格占比	*IV* 值
土地利用（2018 年）	耕地	91 634	0.118	10	0.062	−0.6461
	林地	460 224	0.594	92	0.568	−0.0451
	园地	63 338	0.082	25	0.154	0.6327
	水域	4543	0.006	0	0	0
	人造用地	154 134	0.199	35	0.216	0.0820
	裸地	697	0.001	0	0	0
土地利用（2019 年）	耕地	114 000	0.147	5	0.018	−2.1014
	林地	444 660	0.574	162	0.589	0.0256
	园地	55 670	0.072	45	0.164	0.8246
	水域	4489	0.006	8	0.029	1.6094
	人造用地	155 039	0.200	55	0.200	−0.0005
	裸地	712	0.001	0	0	0
土地利用（2020 年）	耕地	76 473	0.099	10	0.053	−0.6218
	林地	471 814	0.609	113	0.595	−0.0234
	园地	62 282	0.080	25	0.131	0.4882
	水域	4649	0.006	0	0	0
	人造用地	158 693	0.205	42	0.221	0.0756
	裸地	659	0.001	0	0	0
土地利用（2021 年）	耕地	77 374	0.100	6	0.035	−1.0488
	林地	498 863	0.644	106	0.620	−0.0380
	园地	39 280	0.051	23	0.135	0.9793
	水域	4763	0.006	0	0	0
	人造用地	153 664	0.198	36	0.210	0.0588
	裸地	626	0.001	0	0	0

续表

动态评价因子	变量值范围	区间栅格数	区间占比	区间滑坡栅格数	区间滑坡栅格占比	*IV* 值
人口密度 /（人 /km^2）（2014 年）	23.1267 ～ 544.2934	536 534	0.693	150	0.7895	0.1308
	544.2934 ～ 614.7100	144 904	0.187	28	0.147	−0.2385
	614.7100 ～ 730.3349	46 653	0.060	8	0.042	−0.3576
	730.3349 ～ 752.2097	24 728	0.032	2	0.011	−1.1112
	752.2097 ～ 882.4179	13 023	0.017	1	0.005	−1.1537
	882.4179 ～ 1118.8760	4793	0.006	1	0.005	−0.1568
	1118.8760 ～ 1167.8341	3330	0.004	0	0	0
	1167.8341 ～ 1265.7501	605	0.001	0	0	0
人口密度 /（人 /km^2）（2015 年）	23.1370 ～ 544.0518	519 387	0.671	82	0.781	0.1524
	544.0518 ～ 614.8175	165 232	0.213	16	0.152	−0.3362
	614.8175 ～ 731.4555	48 748	0.063	5	0.048	−0.2787
	731.4555 ～ 853.9656	21 893	0.028	1	0.010	−1.0916
	853.9656 ～ 884.3053	11 138	0.014	1	0.010	−0.4159
	884.3053 ～ 1120.5173	4203	0.005	0	0	0
	1120.5173 ～ 1163.5802	2973	0.004	0	0	0
	1163.5802 ～ 1248.7272	996	0.001	0	0	0
人口密度 /（人 /km^2）（2016 年）	23.1599 ～ 543.3438	439 409	0.567	125	0.781	0.3201
	543.3438 ～ 613.9567	224 207	0.290	23	0.144	−0.6997
	613.9567 ～ 730.9373	59 460	0.077	8	0.050	−0.4292
	730.9373 ～ 753.2244	26 428	0.034	2	0.013	−1.0006
	753.2244 ～ 882.9405	14 537	0.019	1	0.006	−1.0933
	882.9405 ～ 1119.0244	5713	0.007	1	0.006	−0.1609
	1119.0244 ～ 1165.7211	3721	0.005	0	0	0
	1165.7211 ～ 1270.7888	1095	0.001	0	0	0

续表

动态评价因子	变量值范围	区间栅格数	区间占比	区间滑坡栅格数	区间滑坡栅格占比	*IV* 值
人口密度 /（人 /km^2）（2017 年）	23.1670 ～ 544.4230	498 250	0.643	161	0.778	0.1899
	544.4230 ～ 615.0679	171 097	0.221	30	0.145	−0.4217
	615.0679 ～ 731.0352	54 502	0.070	10	0.048	−0.3768
	731.0352 ～ 852.3250	25 432	0.033	3	0.015	−0.8163
	852.3250 ～ 978.9372	14 035	0.018	2	0.010	−0.6238
	978.9372 ～ 1114.0653	5988	0.008	1	0.005	−0.4726
	1114.0653 ～ 1161.9673	4049	0.005	0	0	0
	1161.9673 ～ 1271.6096	1217	0.002	0	0	0
人口密度 /（人 /km^2）（2018 年）	23.1642 ～ 544.4474	497 081	0.642	126	0.778	0.1922
	544.4474 ～ 615.1553	171 687	0.222	24	0.148	−0.4034
	615.1553 ～ 730.1463	52 205	0.067	7	0.043	−0.4433
	730.1463 ～ 850.4913	26 507	0.034	2	0.012	−1.0226
	850.4913 ～ 875.1194	13 982	0.018	1	0.006	−1.0714
	875.1194 ～ 1109.3846	7035	0.009	1	0.006	−0.3837
	1109.3846 ～ 1156.4992	4489	0.006	1	0.006	0.0667
	1156.4992 ～ 1273.2151	1584	0.002	0	0	0
人口密度 /（人 /km^2）（2019 年）	23.1685 ～ 544.3305	501 753	0.648	215	0.782	0.1880
	544.3305 ～ 614.7354	167 493	0.216	41	0.149	−0.3716
	614.7354 ～ 730.3428	52 915	0.068	12	0.044	−0.4489
	730.3428 ～ 850.1122	25 700	0.033	3	0.011	−1.1138
	850.1122 ～ 976.1245	14 524	0.019	2	0.007	−0.9460
	976.1245 ～ 1111.5013	6288	0.008	1	0.004	−0.8109
	1111.5013 ～ 1159.3640	4522	0.006	1	0.004	−0.4769
	1159.3640 ～ 1265.4943	1375	0.002	0	0	0

续表

动态评价因子	变量值范围	区间栅格数	区间占比	区间滑坡栅格数	区间滑坡栅格占比	*IV* 值
人口密度 /（人 /km²）（2020 年）	23.1741 ～ 544.5092	497 445	0.642	149	0.784	0.1998
	544.5092 ～ 616.4308	177 486	0.229	28	0.147	−0.4414
	616.4308 ～ 734.8552	52 772	0.068	8	0.042	−0.4809
	734.8552 ～ 859.7822	25 259	0.033	2	0.011	−1.1329
	859.7822 ～ 995.5470	13 321	0.017	1	0.005	−1.1772
	995.5470 ～ 1139.9821	5265	0.007	1	0.005	−0.2492
	1139.9821 ～ 1201.7577	2736	0.004	1	0.005	0.4149
	1201.7577 ～ 1276.5387	286	0.000	0	0	0
人口密度 /（人 /km²）（2021 年）	23.1670 ～ 544.5703	619 476	0.800	145	0.848	0.0582
	544.5703 ～ 616.6793	106 265	0.137	21	0.123	−0.1109
	616.6793 ～ 737.5949	27 770	0.036	4	0.023	−0.4280
	737.5949 ～ 864.0146	12 023	0.016	1	0.006	−0.9830
	864.0146 ～ 1100.3417	5351	0.007	0	0	0
	1100.3417 ～ 1145.4753	2475	0.003	0	0	0
	1145.4753 ～ 1201.6171	1053	0.001	0	0	0
	1201.6171 ～ 1280.8762	157	0.000	0	0	0

由表 3.3、表 3.4 可知，从整体上看，*NDVI* 值越接近 0，滑坡发生的概率越大；园地区域易发生滑坡，耕地区域不易发生滑坡；滑坡发生的概率随人口密度的减小而增加。

（3）组合 3 的动态评价因子

基于 ArcGIS 10.2 栅格计算器功能，提取 2014—2021 年各年较前 1 年的 *NDVI* 变化、土地利用变化和人口密度变化，使用自然间断点法将 *NDVI* 变化和人口密度变化分为 8 级，土地利用变化为离散型数据，分为 25 类。其中，博山区 2016 年的 *NDVI* 变化、土地利用变化、人口密度变化分布如图 3.1 所示。

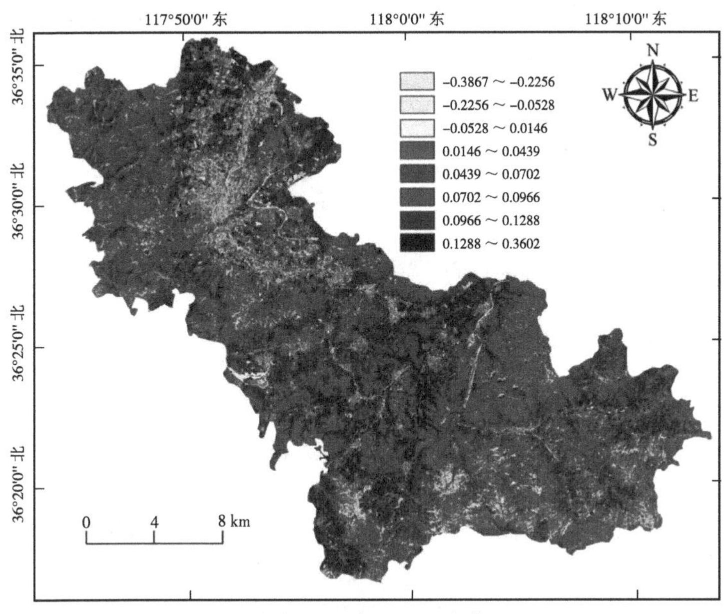

（a）2016 年 *NDVI* 变化

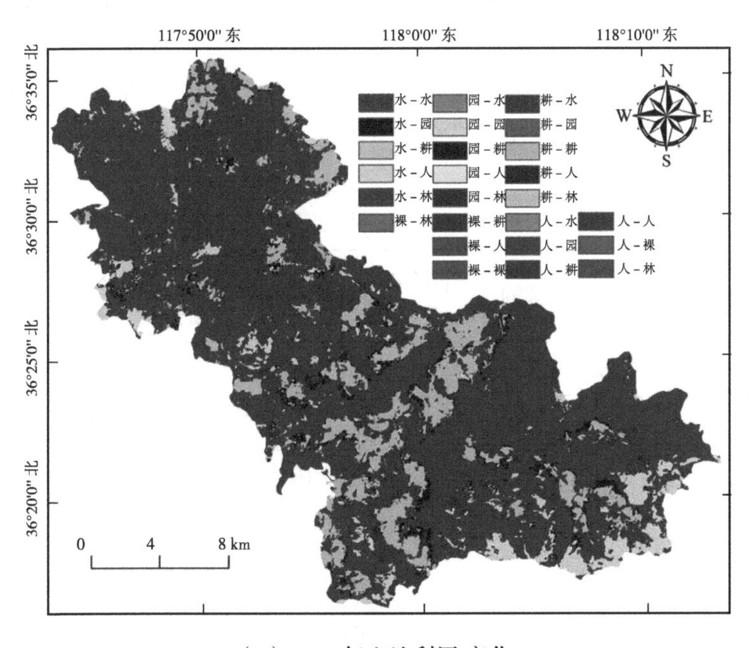

（b）2016 年土地利用 变化

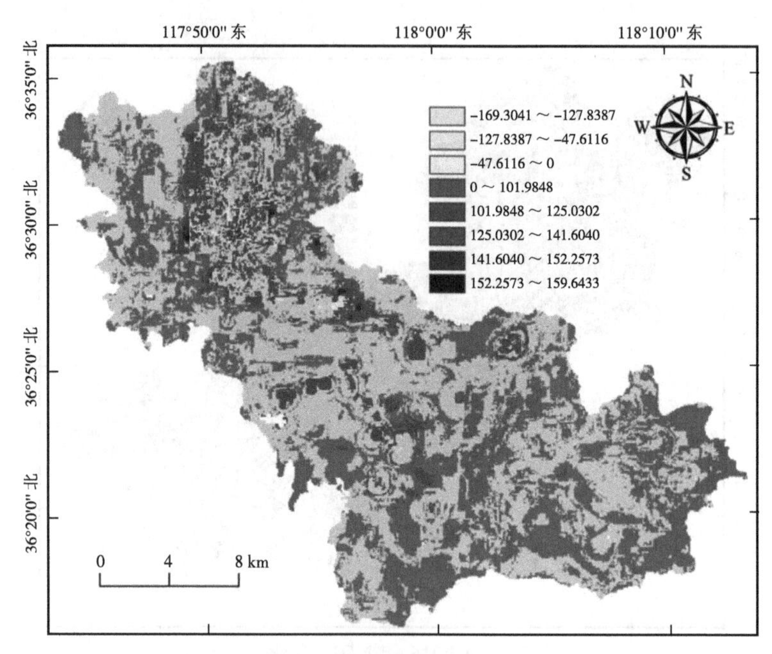

（c）2016 年人口密度变化（单位：人 /km²）

图 3.1　动态致灾因子变化分布（2016 年）（见书末彩插）

通过式 3.2 计算评价因子组合 3 的动态评价因子（*NDVI*、土地利用和人口密度年际变化值）*IV*，其中，2016 年计算结果如表 3.5 所示。

表 3.5　组合 3 的动态评价因子 *IV*（2016 年）

动态评价因子	变量值范围	区间栅格数	区间占比	区间滑坡栅格数	区间滑坡栅格占比	*IV* 值
NDVI 变化（2016 年）	−0.3867 ~ −0.2256	257	0.000	4	0.025	4.4228
	−0.2256 ~ −0.0528	4573	0.006	15	0.094	2.7657
	−0.0528 ~ 0.0146	54 761	0.071	36	0.225	1.1577
	0.0146 ~ 0.0439	140 031	0.181	34	0.213	0.1616
	0.0439 ~ 0.0702	199 742	0.258	21	0.131	−0.6755
	0.0702 ~ 0.0966	204 133	0.264	26	0.163	−0.4834

续表

动态评价因子	变量值范围	区间栅格数	区间占比	区间滑坡栅格数	区间滑坡栅格占比	*IV* 值
	0.0966 ～ 0.1288	124 074	0.160	14	0.088	–0.6048
	0.1288 ～ 0.3602	46 999	0.061	10	0.063	0.0292
土地利用变化（2016 年）	耕地→水域	345	0.000	0	0	0
	耕地→园地	775	0.001	0	0	0
	耕地→耕地	103 524	0.134	6	0.038	1.2709
	耕地→人造用地	6881	0.009	2	0.013	0.3419
	耕地→裸地	0	0	0	0	0
	耕地→林地	16 155	0.021	6	0.038	0.5865
	林地→水域	379	0.000	0	0	0
	林地→园地	5023	0.006	1	0.006	0.0377
	林地→耕地	15 646	0.020	2	0.013	0.4799
	林地→人造用地	7507	0.010	2	0.013	0.2546
	林地→裸地	330	0.000	0	0	0
	林地→林地	418 614	0.540	66	0.413	0.2701
	园地→水域	9	0.000	0	0	0
	园地→园地	54 135	0.070	27	0.169	0.8815
	园地→耕地	371	0.001	0	0	0
	园地→人造用地	294	0.000	3	0.019	3.8988
	园地→裸地	0	0	0	0	0
	园地→林地	4692	0.007	11	0.069	2.4288
	水域→水域	4056	0.005	0	0	0
	水域→园地	24	0.000	0	0	0
	水域→耕地	72	0.000	0	0	0

续表

动态评价因子	变量值范围	区间栅格数	区间占比	区间滑坡栅格数	区间滑坡栅格占比	*IV* 值
土地利用变化（2016 年）	水域→人造用地	223	0.000	0	0	0
	水域→裸地	0	0	0	0	0
	水域→林地	583	0.001	2	0.013	2.8134
	人造用地→水域	211	0.000	0	0	0
	人造用地→园地	118	0.000	5	0.031	5.3391
	人造用地→耕地	1772	0.002	0	0	0
	人造用地→人造用地	121 419	0.157	23	0.144	0.0866
	人造用地→裸地	52	0.000	0	0	0
	人造用地→林地	10 306	0.013	3	0.019	0.3427
	裸地→水域	0	0	0	0	0
	裸地→园地	0	0	0	0	0
	裸地→耕地	35	0.000	0	0	0
	裸地→人造用地	100	0.000	0	0	0
	裸地→裸地	662	0.001	0	0	0
	裸地→林地	257	0.000	1	0.006	2.9412
人口密度变化/（人/km^2）（2016 年）	−169.3041 ～ −127.8387	196	0.000	2	0.013	3.7297
	−127.8387 ～ −47.6116	4526	0.006	9	0.056	2.2719
	−47.6116 ～ 0	55 835	0.072	53	0.331	1.5248
	0 ～ 101.9848	653 072	0.843	41	0.256	−1.1909
	101.9848 ～ 125.0302	46 204	0.060	24	0.150	0.9213
	125.0302 ～ 141.6040	11 243	0.015	23	0.144	2.2939
	141.6040 ～ 152.2573	3118	0.004	8	0.050	2.5257
	152.2573 ～ 159.6433	376	0.001	0	0	0

由表 3.5 可知，博山区 2016 年土地利用变化中，人造用地→园地（*IV*=5.3391）的区域最易发生滑坡。在土地利用未变化的区域（占比 90.69%）存在 122 个滑坡栅格（占比 76.25%），土地利用变化的区域（占比 9.31%）存在 38 个滑坡栅格（占比 23.75%），*IV* 值分别为 –0.1734、0.9365。计算其他年份土地利用不变和变化区域的 *IV* 值，如图 3.2 所示。结果表明发生土地利用变化的区域 *IV* 值均大于 0，说明土地利用变化会提高滑坡发生的概率。

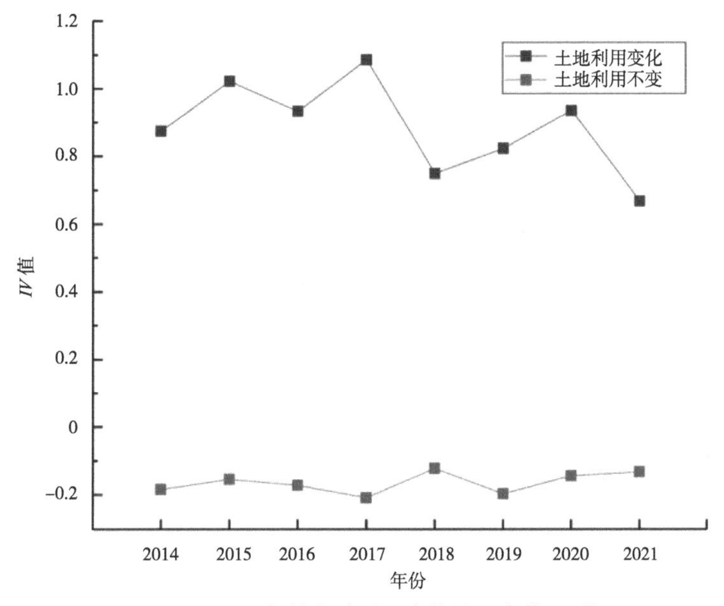

图 3.2　不同年份土地利用变化及不变的 *IV* 值

由表 3.5 可知，2016 年 *NDVI* 减小 0.2256 ～ 0.3867（*IV*=4.4228）的区域，最易发生滑坡；增长 0.0439 ～ 0.0702（*IV*=–0.6755）的区域，最不易发生滑坡。人口密度减小 127.8387 ～ 169.3041 人 /km^2（*IV*=3.7297）的区域，最易发生滑坡；增长 0 ～ 101.9848 人 /km^2（*IV*=–1.1909）的区域，最不易发生滑坡。以 2016 年 *NDVI* 变化值 *IV* 曲线、人口密度变化值 *IV* 曲线为例，如图 3.3 所示。

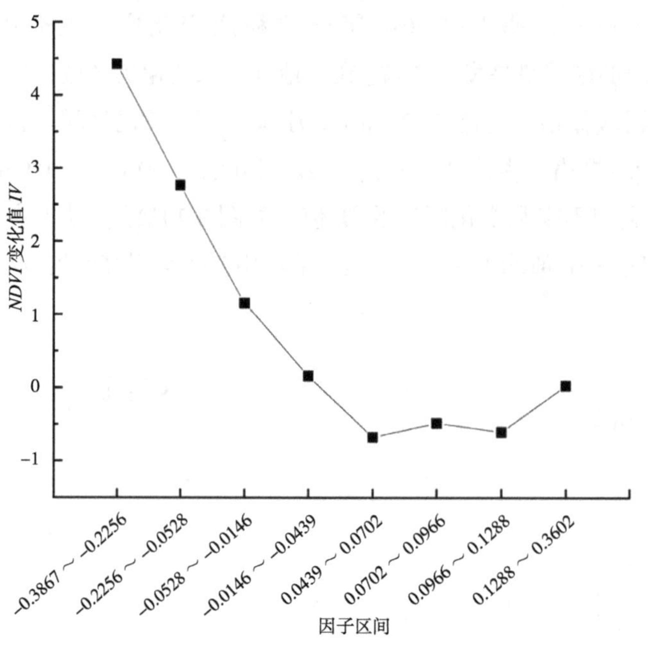

（a）2016 年 *NDVI* 变化值 *IV* 曲线

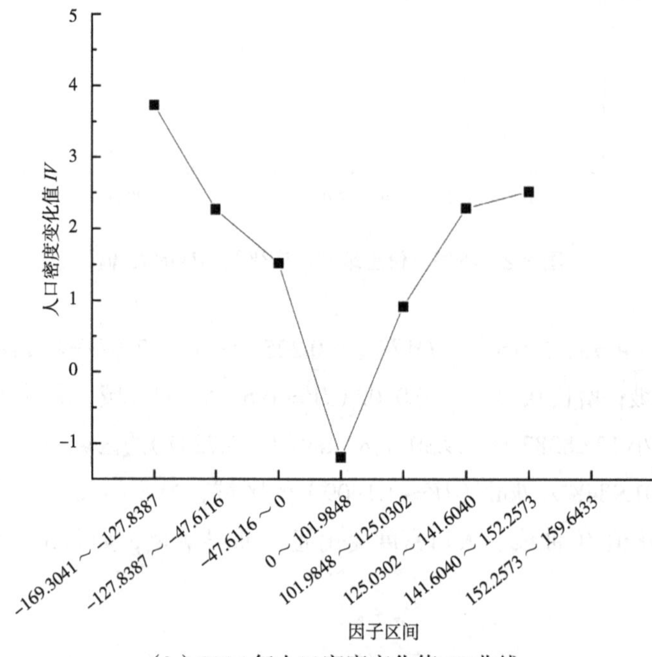

（b）2016 年人口密度变化值 *IV* 曲线

图 3.3　2016 年 *NDVI* 变化值和人口密度变化值 *IV* 曲线

由图 3.3 可知，*NDVI* 变化值 *IV* 曲线整体呈减小趋势，在 *NDVI* 增长过多的区间 *IV* 值有所回升，人口密度变化值 *IV* 曲线呈 V 型，人口密度变化越小、*IV* 值越小。结果表明 *NDVI* 降低、人口密度过增和过减会提高滑坡发生的概率，在 *NDVI* 和人口密度维持不变的区域不易发生滑坡。

3.3　本章小结

①将 13 类致灾因子分为静态致灾因子（高程、坡度、坡向、平面曲率、断层距离、岩性、*TWI*、*STI*、河流距离、道路距离）和动态致灾因子（*NDVI*、土地利用、人口密度）。构建静态致灾因子 + 动态致灾因子 2021 年实测值、静态致灾因子 + 动态致灾因子各年实测值和静态致灾因子 + 动态致灾因子年际变化值 3 种评价因子组合。

②将静态致灾因子作为固定评价因子，动态致灾因子 2021 年实测值、各年实测值和年际变化值分别作为 3 种因子组合的动态评价因子，使用传统的信息量法量化固定评价因子和组合 1 的动态评价因子，结果表明，博山区高程处于 769 ～ 1066 m、坡度＞ 36.5463° 、坡向为东南、平面曲率＞ 1.6259、岩性为泥岩和页岩夹石灰岩、断层距离处于 0 ～ 791.53 m、*TWI* 处于 13.4504 ～ 16.6960、*STI* 处于 61.5125 ～ 101.0528、河流距离处于 0 ～ 214.9345 m、道路距离处于 0 ～ 206.8845 m 的区域最易发生滑坡。*NDVI* 值越接近 0，滑坡发生的概率越大；园地区域最易发生滑坡，耕地区域最不易发生滑坡；滑坡发生的概率随人口密度的减小而增加。

③对信息量计算公式添加时间变量并基于此量化组合 2、组合 3 的动态评价因子，结果表明，土地利用发生变化、*NDVI* 降低、人口密度过增和过减会提高滑坡发生的概率，在 *NDVI* 和人口密度维持不变或变化轻微的区域不易发生滑坡。

第 4 章 滑坡敏感性建模

4.1 评价模型概述

本章选用 RF 模型、LR 模型、SVM 模型、Stacking 集成模型及 CNN 模型用于博山区滑坡敏感性评价。

4.1.1 RF 模型

RF 模型是基于决策树的集成学习模型，主要用于回归和分类分析，它使用 Bootstrap 方法从原始训练数据集中有放回地随机选择 n 个样本集，选取最优分隔属性构建 CART 决策树，通过 Bagging 算法集成 n 个决策树组成随机森林。其实质是对决策树算法的一种改进，将多个决策树合并在一起，每棵树的建立均依赖于一个独立抽取的样本集。CART 决策树算法每次仅对某个特征的值进行二分，而不是多分，这样 CART 决策树算法建立起来的是二叉树，而不是多叉树。CART 决策树使用基尼指数选取最优分隔属性，基尼指数代表了模型的不纯度，基尼指数越小，不纯度越低，特征越好。基尼指数计算方法如式 4.1、式 4.2 所示。

$$gini(A)=1-\sum_{i=1}^{n}p_i^2, \tag{4.1}$$

$$gini(A,B)=\sum_{i=1}^{m}\frac{|A_j|}{|A|}gini(A_j)。 \tag{4.2}$$

式中：$gini(A)$ 为样本 A 的基尼指数，n 为样本 A 的类别个数，p_i 为样本 A 第 i 类样本的比例，$gini(A, B)$ 为使用因子 B 划分样本 A 后的基尼指数，m 为样本总数，$|A_j|$ 为第 j 份样本数。

RF 模型训练速度较快，对噪声和异常值容忍度高，且 RF 模型每次会随机抽取数据和特征子集进行决策树的构建，不易产生过拟合。

4.1.2 LR 模型

LR 模型假设数据服从伯努利分布，利用极大似然估计并基于梯度下降理论求解模型参数，达到数据二分类的目的。它作为一种基于二项分类的回归分析模型，广泛应用于具有不确定性和复杂性的定性变量预测。LR 模型也被称为广义线性回归模型，它与线性回归模型的形式基本相同，区别在于因变量不同，线性回归模型的因变量为连续变量，而 LR 模型的因变量为离散变量。

LR 模型将线性回归模型通过 Sigmoid 函数进行非线性转换，得到介于 0 ~ 1 的概率值。用于滑坡敏感性评价时，自变量 X 为滑坡评价因子，因变量 Y 为二分类变量，0 表示滑坡未发生、1 表示滑坡发生，通过构建最优拟合函数描述自变量和因变量之间的关系。滑坡评价因子同滑坡发生概率之间的关系如式 4.3、式 4.4 所示。

$$P=\frac{1}{1+e^{-z}}, \tag{4.3}$$

$$Z=k_0+k_1x_1+k_2x_2+k_3x_3+\cdots+k_ix_i。 \tag{4.4}$$

式中: P 为滑坡发生的概率, Z 为滑坡发生概率的目标函数, x_i 为第 i 个评价因子, k_i 为第 i 个评价因子的逻辑回归系数，k 为模型常数。

4.1.3 SVM 模型

SVM 是建立在统计学习理论基础上的监督学习方法，通过非线性映射改变数据的特征空间维度，寻找最优分类超平面。SVM 模型可以根据有限的样本信息在模型复杂性和学习能力间寻求最佳平衡点，并可将低维空间中无法线性分离的数据映射到高维空间中进行线性分离，使得该模型在处理高维数据时更具优势。SVM 模型通过最大间隔分割超平面将数据分开，不易受到噪声等异常情况的影响，表现出良好的鲁棒性。SVM 模型使用的损失函数不仅考虑到分类正确与否，还考虑到最大化间隔的大小，避免了模型在训练集上过拟合，同时有效减少了因维数灾难带来的计算负担，在解决非线性问题上表现出一定优势。然而 SVM 在选取模型参数方面具有一定弱点，惩罚系数和核函数等相关参数对预测结果起重要作用，选取不慎会降低模型预测精度。

SVM 模型用于滑坡敏感性评价时，自变量 X 为滑坡评价因子，因变量 Y 为二分类变量，-1 表示滑坡未发生、1 表示滑坡发生。通过寻找一个 n-1 维的超平面将 n 维数据区分为滑坡与非滑坡，SVM 模型的超平面计算如式 4.5 所示。

$$y_i\left(\omega^T x_i + b\right) \geqslant 1。 \tag{4.5}$$

式中：b 为常数。对于不可线性划分的 SVM 模型将条件放宽至近似划分，加入松弛变量 ξ，允许一定程度的分类错误，如式 4.6 所示。

$$y_i\left(\omega^T x_i + b\right) \geqslant 1 - \xi_i。 \tag{4.6}$$

在式 4.6 的基础上引入拉格朗日乘子（λ_i），得到拉格朗日函数，如式 4.7 所示。

$$L = \frac{1}{2}\|\omega\|^2 + \sum_{i=1}^{n} \lambda_i\left(1 - y_i\left(\omega^T x_i + b\right)\right)。 \tag{4.7}$$

式中：‖ ω ‖ 为超平面法线的范数。对式 4.7 的 ω、b 求偏导，得到包含 λ_i 的表达式，将表达式求解出来的参数代入式 4.7 得到 SVM 模型表达式，如式 4.8 所示。

$$\sum_{i=1}^{n} \lambda_i y_i = 0,\ \lambda_i \geqslant 0\ 。 \tag{4.8}$$

SVM 模型的性能受到核函数的影响，核函数可以为线性函数、径向基函数、Sigmoid 函数和多项式函数，如式 4.9 至式 4.12 所示。

$$K\left(x_i, x_j\right) = x_i^T x_j; \tag{4.9}$$

$$K\left(x_i, x_j\right) = \left(\alpha x_i^T x_j + r\right)^d, \alpha > 0; \tag{4.10}$$

$$K\left(x_i, x_j\right) = \tanh\left(\alpha x_i^T x_j + r\right); \tag{4.11}$$

$$K\left(x_i, x_j\right) = \left(-\alpha\left(x_i - x_j\right)\right), \alpha > 0。 \tag{4.12}$$

式中：d、r、α 为核函数的参数。SVM 模型通过核函数和松弛变量解决数据线性不可分问题，并能有效避免数据过拟合现象。

4.1.4 Stacking 集成模型

集成学习通过集成方法结合多个分类器，提高模型预测精度。常见的集成方法有装袋法（Bagging）、提升法（Boosting）、堆叠法（Stacking）和非交叉堆叠法（Blending）。Stacking 集成模型可以通过将多个不同的模型组合在一起，提高模型的泛化性能，进而降低过拟合风险，提高模型的准确性。Stacking 集成模型在使用时可以结合任意数量的不同模型，选择最适合输入数据的模型进行组合，且在使用多个模型时，每个模型的输出都可以解释为原始特征空间的不同部分，增强了 Stacking 集成模型的可解释性。因此，Stacking 集成模型通过灵活地组合不同的模型和特征，适应不同类型的分类任务。尽管 Stacking 集成模型可以获得很好的预测效果，但也存在相应的缺点，如训练时间长、调参工作复杂等。

一般来说，Stacking 集成模型会构建两层分类器结构，将第一层的 n 个初级分类器的预测结果合并成特征集，作为第二层基底分类器的输入，通过融合多个模型的学习能力，提高最终模型的泛化性。

4.1.5 CNN 模型

CNN 模型是具有深度结构的前馈神经网络，是深度机器学习的代表性算法之一，CNN 模型具有以下优点：① CNN 模型可以自动学习数据中的特征，并通过卷积核自动识别数据边缘、纹理和形状等特点，将这些信息有效地综合起来，提高了数据处理的效率；② CNN 模型通过不断训练及自我调整，识别和划分复杂的数据，具有较高的准确性；③ CNN 模型的架构非常灵活，可以根据不同的任务进行调整和优化，并且可以适用于不同类型的数据；④ CNN 模型可以通过 GPU 并行计算处理数据，提高了数据处理的速度。但 CNN 模型也存在一定的局限性，如 CNN 模型对数据量的要求较高且需要对数据先行降噪处理等。

CNN包含输入层、卷积层、池化层、全连接层和输出层，具有权值共享特征，即模型每层的过滤器矩阵尺寸决定当前层需要计算的权值数量，与输入数据的尺寸无关，因此 CNN 在接收数据上具有较强的泛化性。以 LeNet-5 为例，结构如图 4.1 所示。

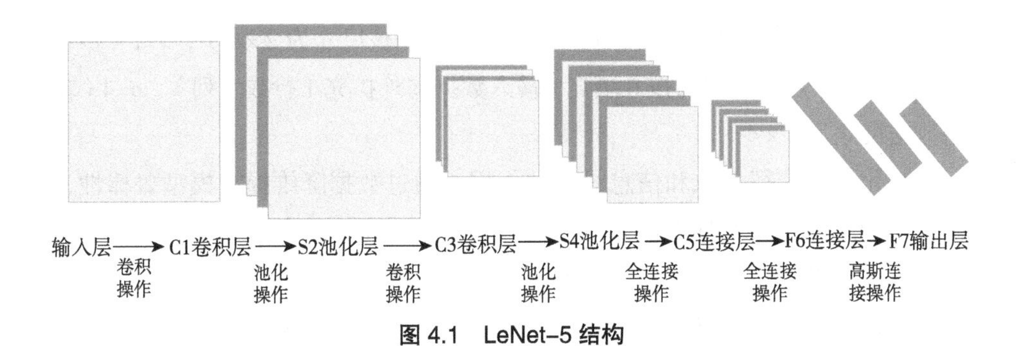

图 4.1　LeNet-5 结构

卷积操作通过卷积核挖掘数据特征，组成卷积核的每个元素有对应的权重系数和偏差量。在模型运行过程中，卷积核移动到输入数据的相应位置，与该位置范围内的元素值做内积并叠加偏差量。卷积层参数包括卷积核大小、步长和填充方式，其共同决定卷积层输出特征的尺寸。卷积核越大，提取的特征越复杂。卷积步长是卷积核相邻 2 次扫描时元素的距离，步长为 1 时，卷积核会逐步扫描输入数据的各个元素；步长为 n 时，卷积核相邻 2 次扫描的元素间隔为 n–1。卷积操作会使输入数据的尺寸减小，填充能够解决卷积过程中尺寸收缩的问题。常见填充方法为按 0 填充和重复边界值填充。卷积操作如图 4.2 所示，数据尺寸变化计算如式 4.13 所示。

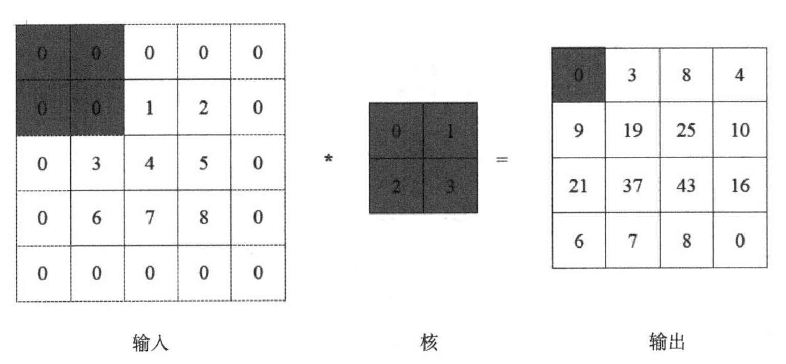

图 4.2　卷积操作

$$o=\left(\frac{i+2p-k}{s}\right)+1。\tag{4.13}$$

式中：i=3（输入数据尺寸为 3×3），k=2（卷积核尺寸为 2×2），s=1（步长为 1），p=1（填充方式为按 0 填充，输入数据向外扩充 1 行或 1 列），o=4（输出数据尺寸为 4×4）。

池化层起特征选取和信息过滤的作用，通过数据降维提高模型鲁棒性，减小冗杂。池化操作分为最大值池化和平均值池化，最大值池化选取区域的元素最大值作为池化后的值，平均值池化将区域的元素平均值作为池化后的值。池化操作与卷积操作步骤相似，主要参数包括池化窗口大小、步长和填充方式。池化操作如图 4.3 所示。数据尺寸变化计算如式 4.14 所示。

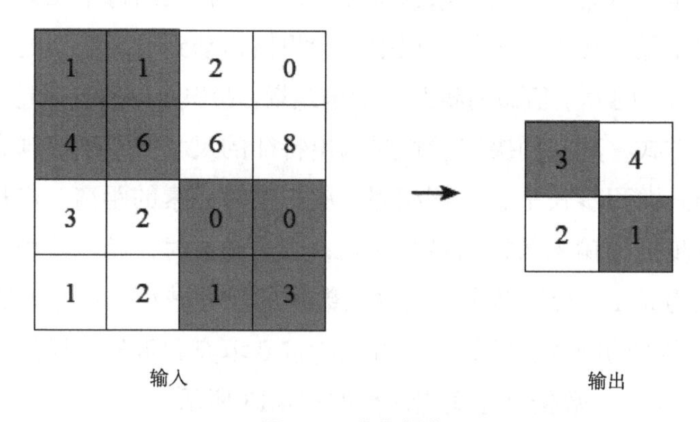

图 4.3　池化操作

$$o=\left(\frac{i-k}{s}\right)+1。\tag{4.14}$$

式中：i=4（输入数据尺寸为 4×4），k=2（池化窗口尺寸为 2×2），s=2（步长为 2），池化方式为平均值池化，o=2（输出数据尺寸为 2×2）。

全连接层对卷积、池化后提取的特征进行非线性组合，特征矩阵被展开为一维向量。输出层使用逻辑函数输出分类标签，基于损失函数评估模型预测值与实际值的相似程度，主要包括均方差损失函数和交叉熵损失函数，计算方法如式 4.15、式 4.16 所示。

$$MSE = \frac{1}{N}(\hat{y} - y)^2 \text{，} \tag{4.15}$$

$$CEE = -[ylog\hat{y} + (1-y)log(1-\hat{y})] \text{。} \tag{4.16}$$

式中：MSE 为均方误差，CEE 为交叉熵误差，N 为样本数量，$\hat{y}$ 为预测值，y 为实际值。

4.2　评价模型构建

以 3 种因子组合的 13 类评价因子 IV 值作为模型输入，以滑坡敏感性概率作为模型输出，分别基于以上 5 种模型，开展博山区滑坡敏感性建模，共计 15 次分析计算。

4.2.1 RF 模型构建

基于 Python 的 sklearn 库构建 RF 模型，重要参数如表 4.1 所示。

表 4.1　RF 模型参数

参数	参数含义	取值
*N*_estimators	决策树的个数	77
Criterion	计算特征重要性的方法	Gine
Bootstrap	控制是否进行有放回的抽样	有放回抽样
Random_state	控制随机数生成器的种子数量	None
Max_features	决策树建立过程中使用的特征数	3
Max_depth	决策树的最大深度	4
Min_samples_leaf	节点分裂时的最小样本数	4
Min_samples_split	叶子节点最小样本数	3

4.2.2 LR 模型构建

基于 Python 的 sklearn 库构建 LR 模型，重要参数如表 4.2 所示。

表 4.2 LR 模型参数

参数	参数含义	取值
Solver	损失函数优化算法	拟牛顿法（lbfgs）
Class_weight	调节正负样本比例	None
Fit_intercept	是否将截距 / 方差加入决策模型中	True
Random_state	随机种子的设置	None
Multi_class	分类方法参数选择	Ovr
Warm_state	是否使用上次的模拟结果作为初始化	False
*N*_jobs	核的数量	1
Penalty	正则化方法	I2
C	正则化强度	0.1
Max_iter	收敛时的最大迭代次数	100
Tol	迭代终止的误差范围	1e-4

4.2.3 SVM 模型构建

基于 Python 的 sklearn 库构建 SVM 模型，重要参数如表 4.3 所示。

表 4.3 SVM 模型参数

参数	取值
核函数类型	高斯径向基核函数（RBF）
核函数系数（γ）	0.1
惩罚因子（C）	5
Gamma	Scale
Shrinking	False
Tol	1e-4

4.2.4 Stacking 集成模型构建

本章构建的 Stacking 集成模型将 RF 模型和 LR 模型作为第一层的初级分类器，将 SVM 模型作为第二层的基底分类器，结构如图 4.4 所示。

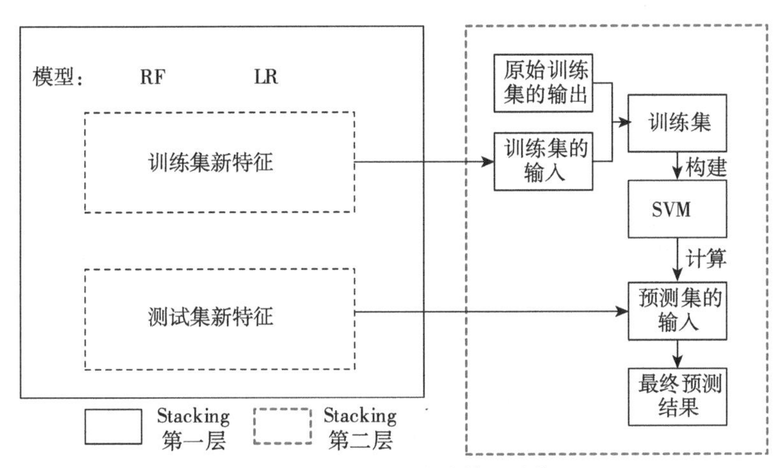

图 4.4　Stacking 集成模型结构

4.2.5 CNN 模型构建

在 CNN 训练过程中，输入样本的结构会影响模型的训练效率。本章将滑坡样本转换为二维方阵（行数、列数相等的矩阵），具体步骤如下：

①比较构建的 3 个因子组合中因子数与各评价因子分级数，选取大者为二维方阵的尺寸。

②二维方阵各列代表相应的评价因子，如某栅格第 *m* 个评价因子属性值在第 *n* 个分级，则二维方阵第 *m* 列、第 *n* 行元素标定为 1，第 *n* 列其他元素标定为 0。

以 2015 年某滑坡栅格为例，基于组合 2 的评价因子如下：高程为 800 m、坡度为 32°、坡向为东北、平面曲率为 1.3、河流距离为 232 m、*STI* 为 23、*TWI* 为 21、道路距离为 455 m、土地利用类型为林地、断层距离为 2813 m、岩性为白云质灰岩、*NDVI* 为 0.18、人口密度为 600 人/km^2，共 13

类评价因子，其中岩性评价因子的分级数最多（16类），因此二维方阵尺寸为16×16。相应的二维方阵如图4.5所示。

	0	0	0	0	0	0	0	0	0	0	0	0	1	0	0	0
	0	0	0	0	1	0	0	1	0	0	0	1	0	0	0	0
	0	0	1	0	0	0	0	0	0	1	0	0	0	0	0	0
	0	0	0	0	0	1	0	0	1	0	0	0	0	0	0	0
	0	0	0	0	0	0	0	0	0	0	0	0	0	0	0	0
	0	0	0	0	0	0	0	0	0	0	0	0	0	0	0	0
	0	1	0	1	0	0	0	0	0	0	0	0	0	0	0	0
800∈[769~1066]→	1	0	0	0	0	0	1	0	0	0	0	0	0	0	0	0
	0	0	0	0	0	0	0	0	0	0	1	0	0	0	0	0
	0	0	0	0	0	0	0	0	0	0	0	0	0	0	0	0
	0	0	0	0	0	0	0	0	0	0	0	0	0	0	0	0
	0	0	0	0	0	0	0	0	0	0	0	0	0	0	0	0
	0	0	0	0	0	0	0	0	0	0	0	0	0	0	0	0
	0	0	0	0	0	0	0	0	0	0	0	0	0	0	0	0
	0	0	0	0	0	0	0	0	0	0	0	0	0	0	0	0
	0	0	0	0	0	0	0	0	0	0	0	0	0	0	0	0

图4.5 二维方阵结构形式

基于不同因子组合构建CNN结构，组合1、组合2的输入方阵尺寸一致、网络结构相同，组合3的土地利用变化量分级数为36，输入方阵尺寸为36×36，网络结构与组合1、组合2不同。不同尺寸数据输入的模型结构如表4.4所示，包括1个输入层、2个卷积层、2个池化层、1个全连接层和1个输出层。池化方法为最大值池化，损失函数为交叉熵损失函数。

表4.4 CNN模型结构

层号	层名	层尺寸	过滤器尺寸	步长	零补方式
1	Input	16×16/36×36	0	0	NONE
2	Conv–1	16×16/36×36	3×3×4/5×5×4	1	SAME/VALID

续表

层号	层名	层尺寸	过滤器尺寸	步长	零补方式
3	Pool–1	16×16×4/32×32×4	2×2	2	VALID
4	Conv–2	8×8×4/16×16×4	3×3×8/9×9×8	1	SAME/VALID
5	Pool–2	8×8×8/8×8×8	2×2	2	VALID
6	F–layer	128	NONE	NONE	NONE
7	Output	2	NONE	NONE	NONE

4.3　评价因子组合的合理性验证

滑坡敏感性评价模型对评价因子组合具有较高敏感性，合理构建评价因子组合能够提高模型预测精度。本章通过基于随机森林的递归特征消除算法对选取的评价因子组合进行合理性验证，以保证评价结果的精度。

4.3.1 RF–RFE 算法

递归特征消除（RFE）是基于特征排序技术的贪婪算法，通过反复进行模型训练选出最优特征子集。常用于 RFE 算法的模型包括线性回归模型、LR 模型、SVM 模型、决策树模型和 RF 模型等。相比其他模型，RF 模型可以通过生成多个决策树考虑多个分类指标，更准确地判断特征的重要性，其中平均精确度减少（MDA）通过对比原特征组合的测试集与去掉某个特征后的测试集精度变化评估特征重要性。通过 RF 模型选取初始的特征重要性排序，会使 RFE 算法的效率提高。本章选择 RF–RFE 算法进行评价因子组合的合理性验证。算法流程如图 4.6 所示。

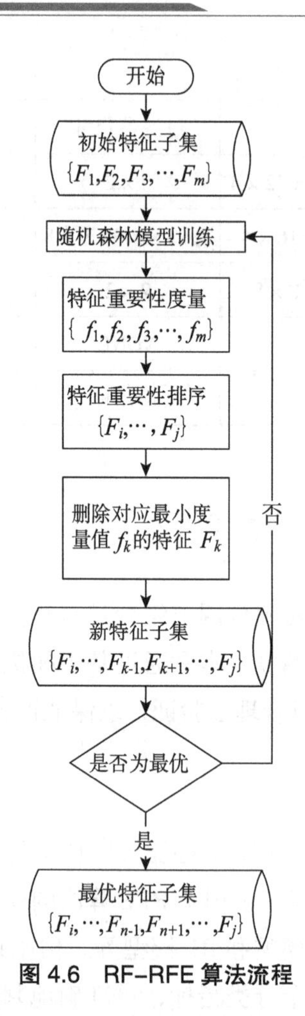

图 4.6　RF-RFE 算法流程

首先选择具有 m 个特征的初始特征子集 $\{F_1,\ F_2,\ F_3,\ \cdots,\ F_m\}$，并在此基础上进行 RF 模型训练，将 RF 模型的平均精确度减少（MDA）作为特征重要性度量值 $\{f_1,\ f_2,\ f_3,\ \cdots,\ f_m\}$ 并对特征重要性进行排序 $\{F_i,\ \cdots,\ F_j\}$，根据排序结果删除对应最小度量值 f_k 的特征 F_k，得到一个新的特征子集 $\{F_i,\ \cdots,\ F_{k-1},\ F_{k+1},\ \cdots,\ F_j\}$，重复进行"训练初始特征集→计算特征重要性→特征重要性排序→删除重要性最小特征→计算分类正确率"过程，直至得到最优特征子集 $\{F_i,\ \cdots,\ F_{n-1},\ F_{n+1},\ \cdots,\ F_j\}$。

RF-RFE 算法可以处理高维度、非线性、交互作用复杂的数据，并且具有较好的稳健性和可解释性。但这种方法通常需要较长的计算时间和大量的计算资源。

4.3.2 评价因子组合验证

本章采用 RF-RFE 算法验证评价因子组合的合理性。经 ArcGIS 10.2 栅格统计，博山区栅格总数为 774 570、滑坡栅格数为 1460，在 99 处无明显滑坡迹象的普通边坡选取一点为圆心，在以 500 m 为半径的圆内随机选取 1460 个栅格，达到平衡样本的目的。按 7 ∶ 3 的比例划分样本集，训练集样本数 2044，测试集样本数 876。

使用 RF-RFE 算法计算所有子集的精度，精度以总体分类精度（*OA*）评定，*OA* 计算方法如式 4.17 所示。不同大小子集的精度如图 4.7 所示。

$$OA=\frac{TP+TN}{TP+FP+TN+FN}。\tag{4.17}$$

式中：*TP* 表示实际为滑坡且预测为滑坡，*FP* 表示实际为非滑坡但预测为滑坡，*FN* 表示实际为滑坡但预测为非滑坡，*TN* 表示实际为非滑坡且预测为非滑坡。

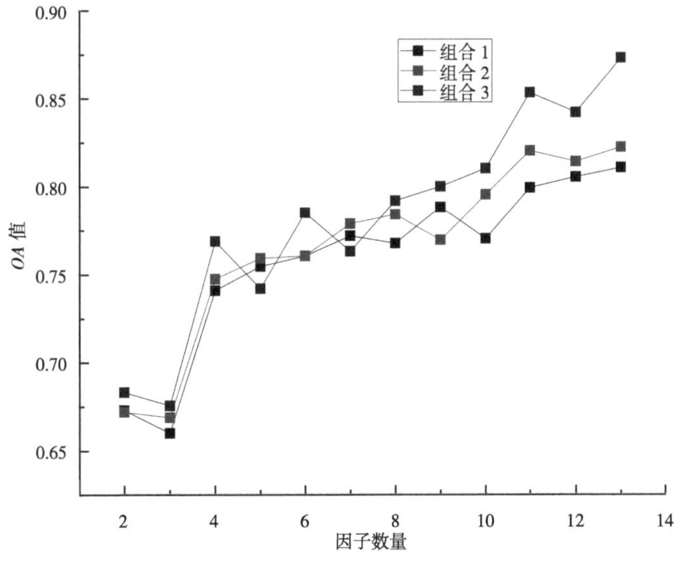

图 4.7　不同大小子集的总体分类精度（见书末彩插）

由图 4.7 可知，RFE 算法下 3 种评价因子组合的 RF 模型子集精度在特征数量为 13 时最高，精度排序为组合 1（*OA*=0.8260）<组合 2（*OA*=0.8270）<组合 3（*OA*=0.8732），*OA* 值均大于 0.8，且在静态致灾因子 + 动态致灾因子年际变化值的因子组合 3 下模型精度最高，说明第三章构建的评价因子组合是合理的。

4.4 模型精度分析

受试者工作特征（Receiver Operating Characteristic，ROC）曲线能够验证模型的预测能力，以假阳性率（*FPR*）为横坐标，真阳性率（TPR）为纵坐标，其中 *FPR* 是实际为非滑坡但模型判断为滑坡的概率，TPR 是实际为滑坡且模型判断为滑坡的概率。本章使用 ROC 曲线下面积（Area Under Curve，AUC）法计算 3 种评价因子组合输入到 5 种模型的测试集准确率，如图 4.8 所示。

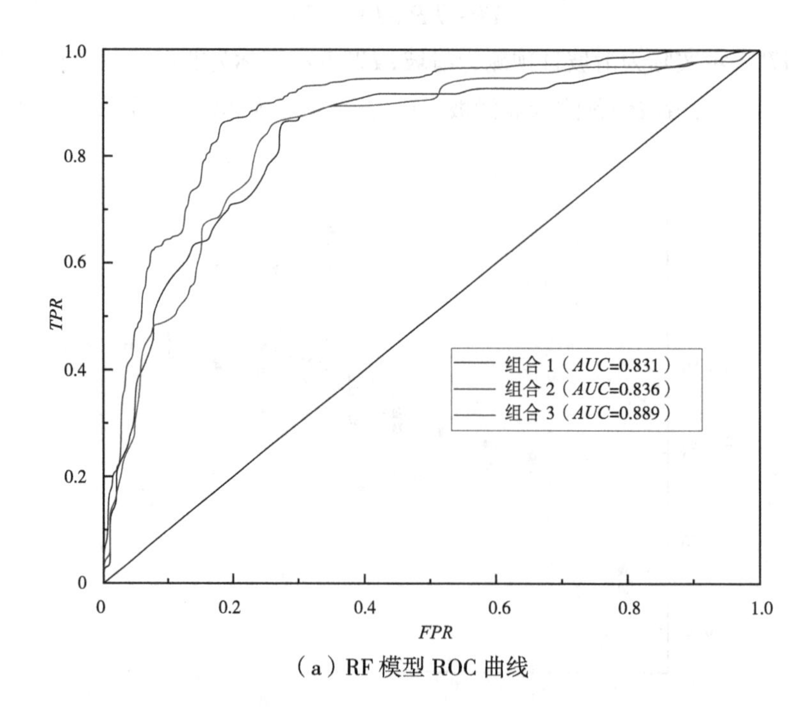

（a）RF 模型 ROC 曲线

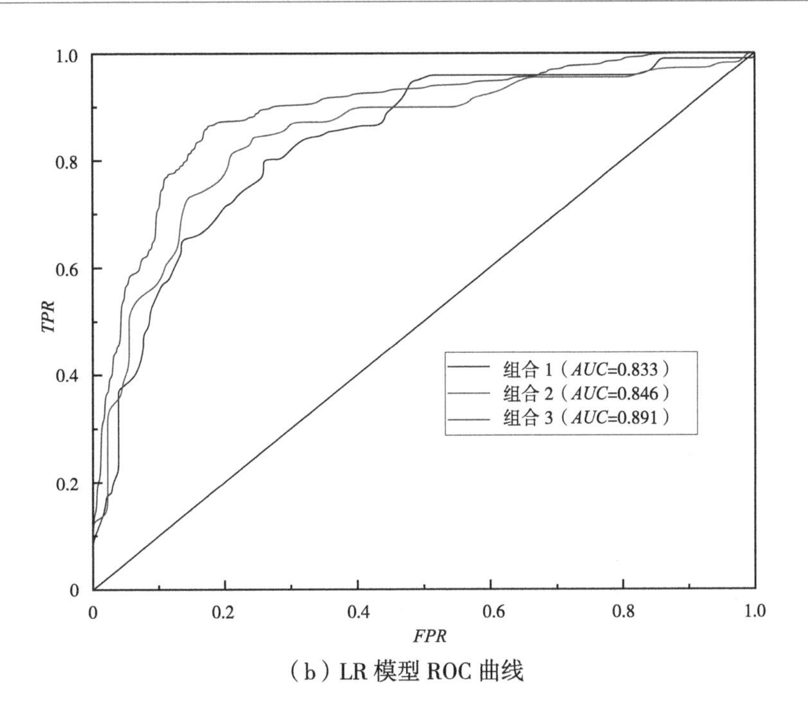

（b）LR 模型 ROC 曲线

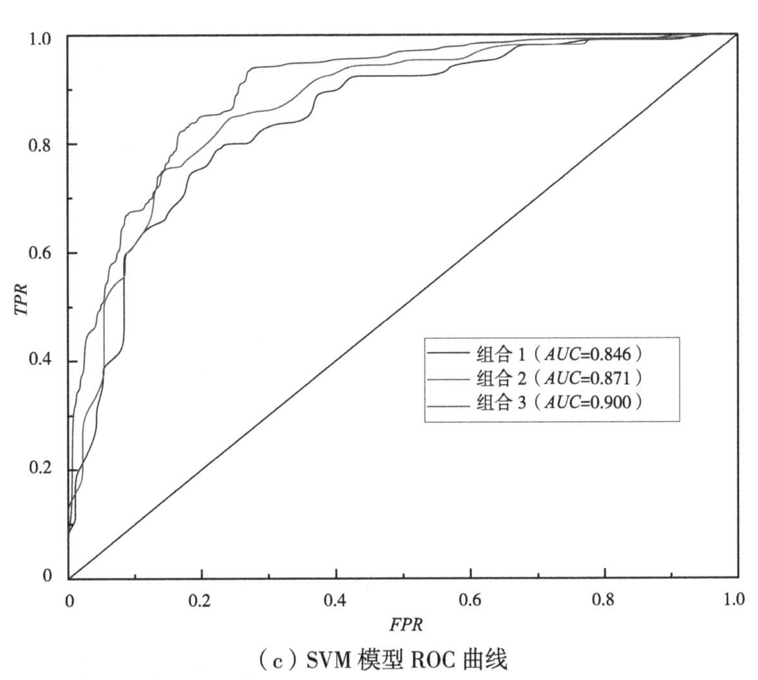

（c）SVM 模型 ROC 曲线

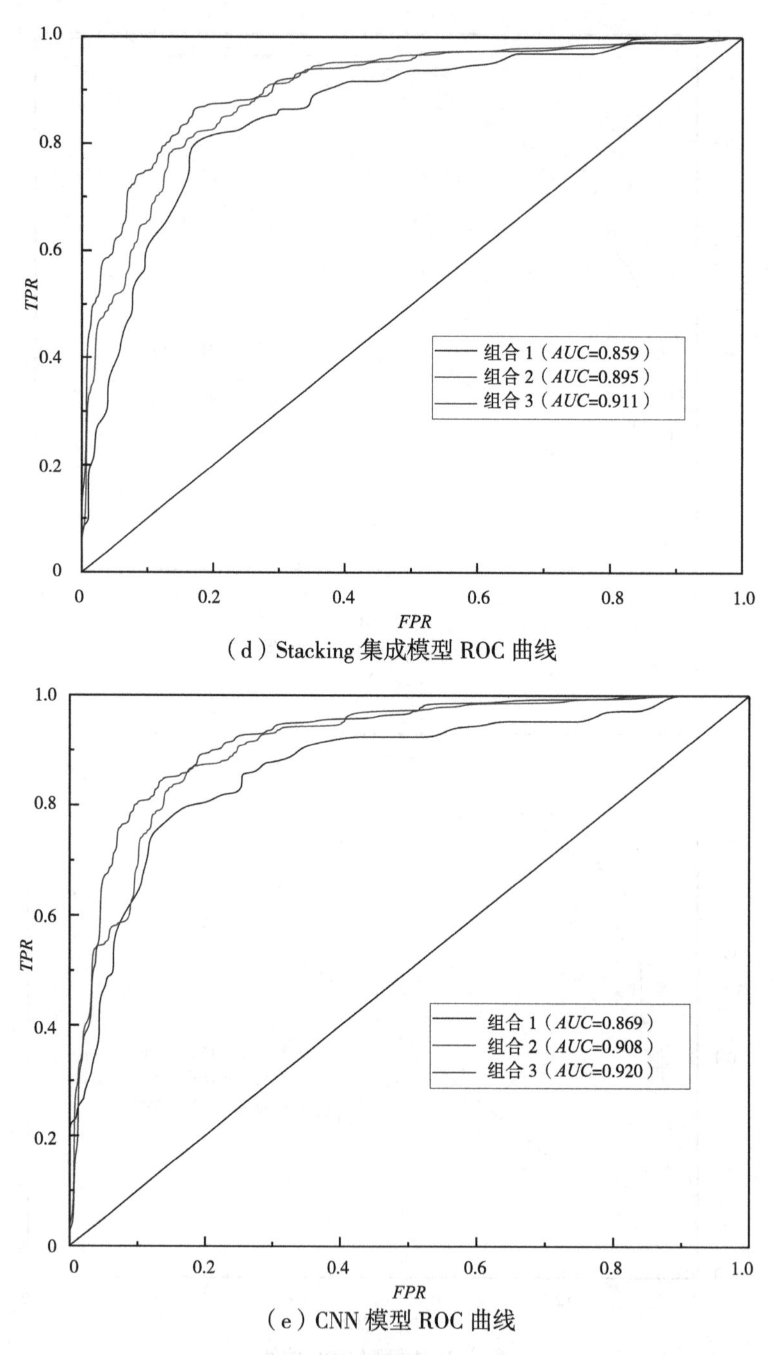

（d）Stacking 集成模型 ROC 曲线

（e）CNN 模型 ROC 曲线

图 4.8　3 种因子组合下各模型的 ROC 曲线（见书末彩插）

由图 4.8 可知，组合 3 下模型的预测精度最高，RF 模型、LR 模型、SVM 模型、Stacking 集成模型、CNN 模型的 *AUC* 值分别为 0.889、0.891、0.900、0.911、0.920，较因子组合 1、组合 2 的 *AUC* 值平均提高 0.0546、0.0310，表明静态致灾因子 + 动态致灾因子年际变化值的评价因子组合最合理。5 种模型的 *AUC* 值均大于 0.8，体现出较高的预测精度，其中 CNN 模型的预测精度最高，其次为 Stacking 集成模型。

4.5　本章小结

①基于 3 种评价因子组合构建 RF 模型、LR 模型、SVM 模型、Stacking 集成模型和 CNN 模型，使用 RF-RFE 算法验证评价因子组合的合理性，结果表明，当评价因子数量为 13 时，RF 模型 *OA* 值最高，静态致灾因子 + 动态致灾因子年际变化值的因子组合下 RF 模型精度最高（*OA*=0.8732），较因子组合 1、组合 2 的 *OA* 值提高 0.0472、0.0462。

②使用 *AUC* 值比较模型精度，结果表明静态致灾因子 + 动态致灾因子年际变化值的因子组合 3 最合理，较因子组合 1、组合 2 的 *AUC* 值平均提高 0.0546、0.0310；CNN 模型的预测精度最高，较 RF 模型、LR 模型、SVM 模型、Stacking 集成模型的 *AUC* 值平均提高 0.0470、0.0423、0.0267、0.0107。

第 5 章　滑坡敏感性评价结果

5.1　评价结果分析

通过 3 种因子组合训练好的评价模型计算每个栅格的滑坡发生概率，得到博山区滑坡敏感性概率分布，采用等距划分法将博山区滑坡敏感性概率分为 5 个等级：极低敏感区 [0, 0.2）、低敏感区 [0.2, 0.4）、中敏感区 [0.4, 0.6）、高敏感区 [0.6, 0.8）和极高敏感区 [0.8, 1]。

5.1.1 RF 模型评价结果

基于 3 种因子组合，RF 模型得到的博山区滑坡敏感性评价结果如图 5.1 至图 5.3、表 5.1 至表 5.3 所示。

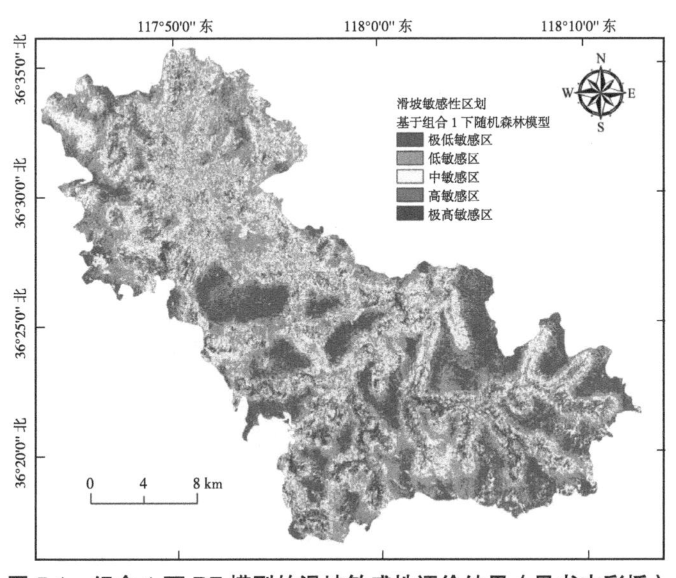

图 5.1　组合 1 下 RF 模型的滑坡敏感性评价结果（见书末彩插）

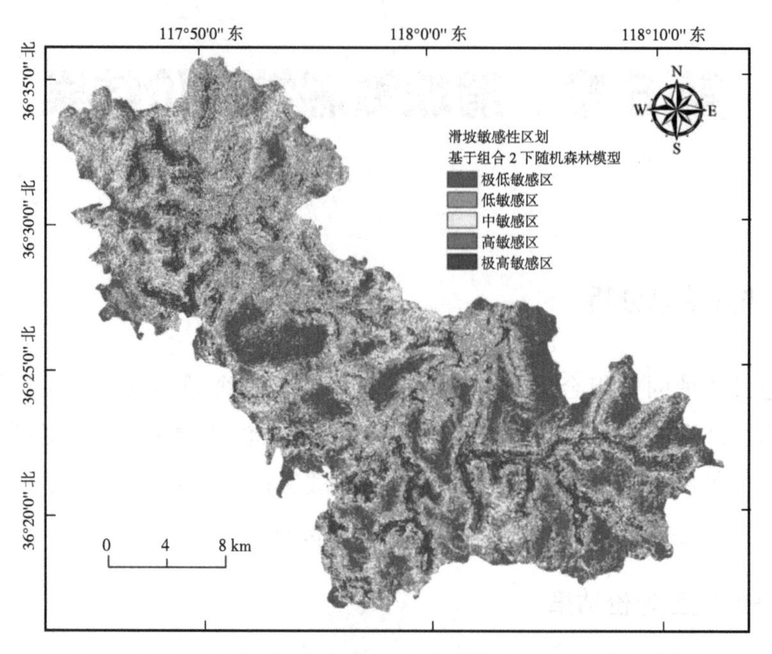

图 5.2　组合 2 下 RF 模型的滑坡敏感性评价结果（见书末彩插）

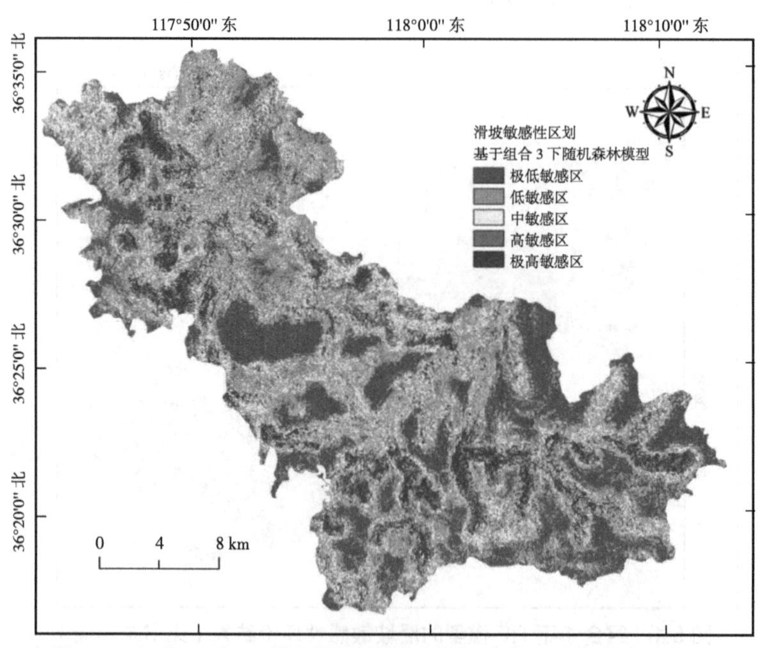

图 5.3　组合 3 下 RF 模型的滑坡敏感性评价结果（见书末彩插）

表 5.1　组合 1 下 RF 模型的敏感性评价结果统计

敏感区	分区栅格数	分区栅格占比	滑坡栅格数	滑坡栅格占比
极低敏感区	146 382	18.89%	17	1.16%
低敏感区	313 602	40.49%	45	3.08%
中敏感区	153 809	19.86%	142	9.73%
高敏感区	138 031	17.82%	250	17.12%
极高敏感区	22 746	2.94%	1006	68.91%

表 5.2　组合 2 下 RF 模型的敏感性评价结果统计

敏感区	分区栅格数	分区栅格占比	滑坡栅格数	滑坡栅格占比
极低敏感区	166 732	21.53%	15	1.03%
低敏感区	276 532	35.70%	44	3.01%
中敏感区	171 115	22.09%	133	9.11%
高敏感区	125 670	16.22%	265	18.15%
极高敏感区	34 521	4.46%	1003	68.70%

表 5.3　组合 3 下 RF 模型的敏感性评价结果统计

敏感区	分区栅格数	分区栅格占比	滑坡栅格数	滑坡栅格占比
极低敏感区	118 940	15.36%	20	1.37%
低敏感区	274 690	35.46%	30	2.05%
中敏感区	201 174	25.98%	112	7.67%
高敏感区	137 215	17.71%	236	16.17%
极高敏感区	42 551	5.49%	1062	72.74%

5.1.2 LR 模型评价结果

基于 3 种因子组合，LR 模型得到的博山区滑坡敏感性评价结果如图 5.4

至图 5.6、表 5.4 至表 5.6 所示。

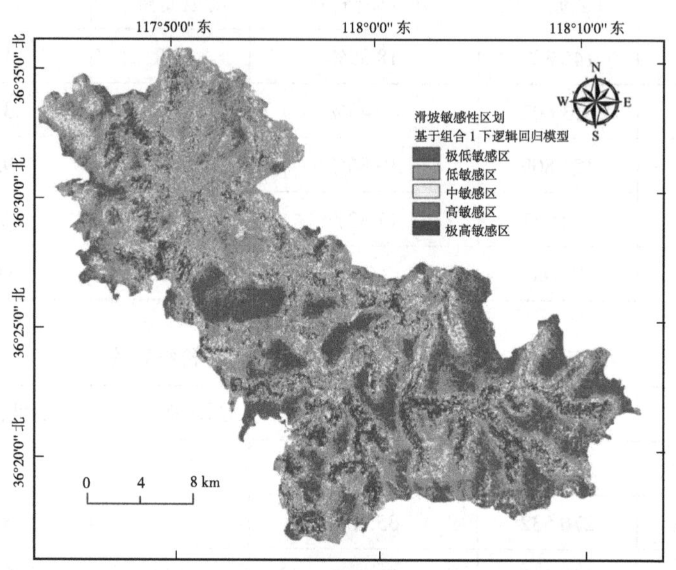

图 5.4　组合 1 下 LR 模型的滑坡敏感性评价结果（见书末彩插）

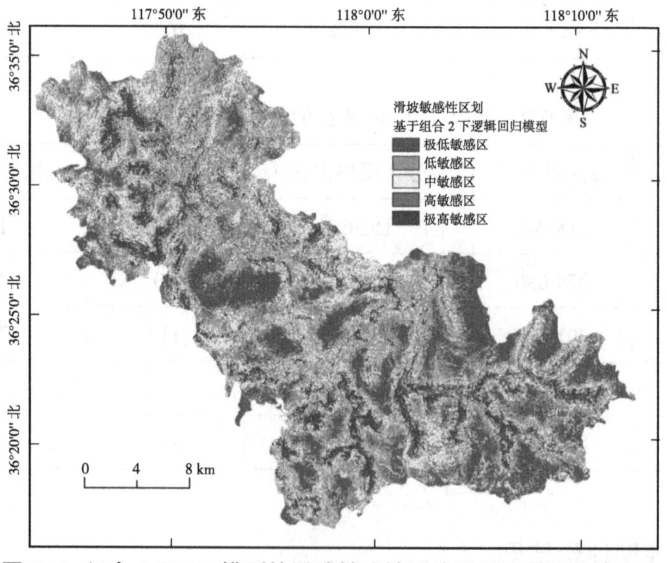

图 5.5　组合 2 下 LR 模型的滑坡敏感性评价结果（见书末彩插）

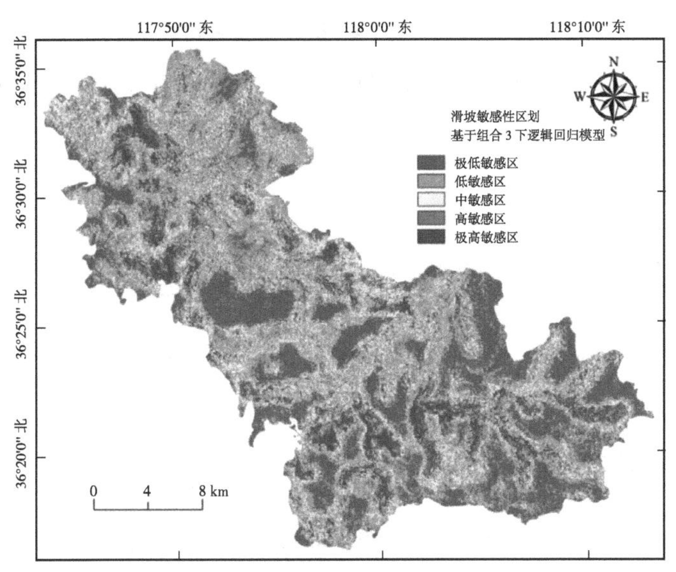

图 5.6　组合 3 下 LR 模型的滑坡敏感性评价结果（见书末彩插）

表 5.4　组合 1 下 LR 模型的敏感性评价结果统计

敏感区	分区栅格数	分区栅格占比	滑坡栅格数	滑坡栅格占比
极低敏感区	223 890	28.92%	17	1.16%
低敏感区	177 724	22.94%	35	2.40%
中敏感区	167 809	21.66%	129	8.84%
高敏感区	160 886	20.77%	290	19.86%
极高敏感区	44 261	5.71%	989	67.74%

表 5.5　组合 2 下 LR 模型的敏感性评价结果统计

敏感区	分区栅格数	分区栅格占比	滑坡栅格数	滑坡栅格占比
极低敏感区	214 746	27.72%	10	0.68%
低敏感区	183 943	23.75%	32	2.19%
中敏感区	168 921	21.81%	135	9.25%
高敏感区	167 739	21.66%	291	19.93%
极高敏感区	39 221	5.06%	992	67.95%

表 5.6　组合 3 下 LR 模型的敏感性评价结果统计

敏感区	分区栅格数	分区栅格占比	滑坡栅格数	滑坡栅格占比
极低敏感区	223 561	28.86%	14	0.96%
低敏感区	177 189	22.88%	30	2.05%
中敏感区	170 357	21.99%	128	8.77%
高敏感区	153 461	19.81%	287	19.66%
极高敏感区	50 002	6.46%	1001	68.56%

5.1.3 SVM 模型评价结果

基于 3 种因子组合，SVM 模型得到的博山区滑坡敏感性评价结果如图 5.7 至图 5.9、表 5.7 至表 5.9 所示。

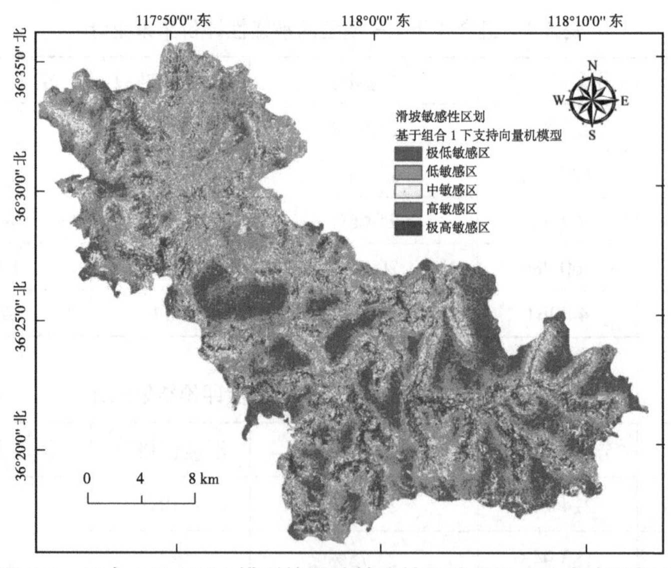

图 5.7　组合 1 下 SVM 模型的滑坡敏感性评价结果（见书末彩插）

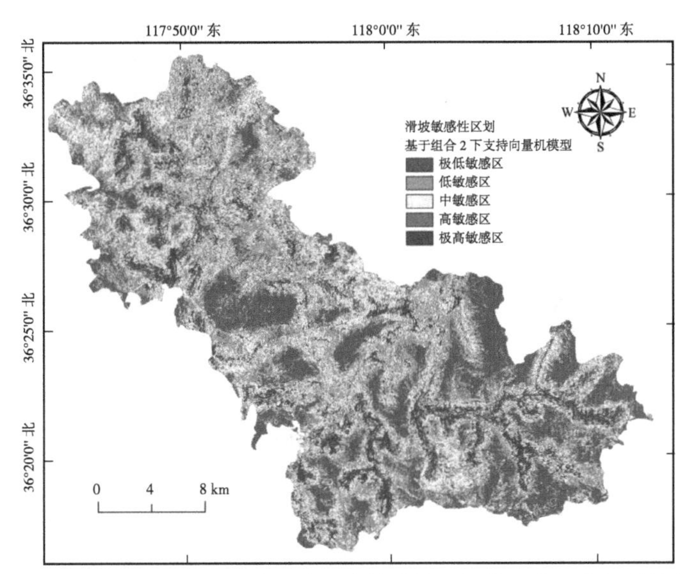

图 5.8　组合 2 下 SVM 模型的滑坡敏感性评价结果（见书末彩插）

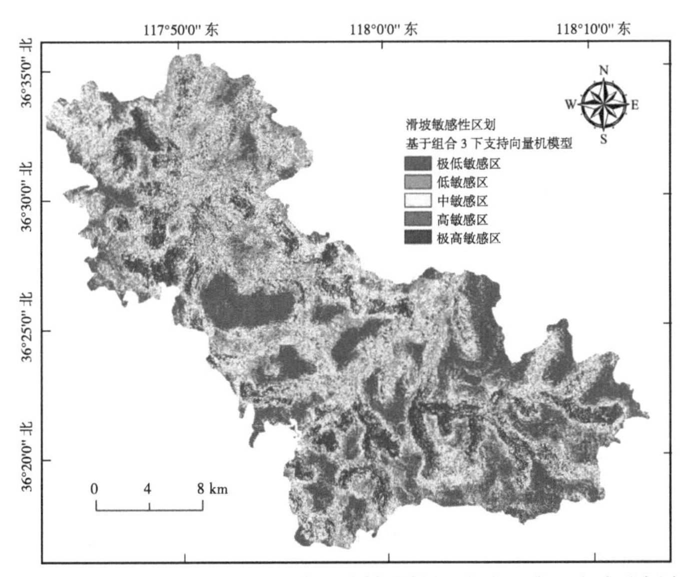

图 5.9　组合 3 下 SVM 模型的滑坡敏感性评价结果（见书末彩插）

表 5.7　组合 1 下 SVM 模型的敏感性评价结果统计

敏感区	分区栅格数	分区栅格占比	滑坡栅格数	滑坡栅格占比
极低敏感区	301 259	38.89%	27	1.85%
低敏感区	179 671	23.20%	69	4.73%
中敏感区	133 777	17.27%	93	6.37%
高敏感区	105 602	13.63%	247	16.92%
极高敏感区	54 261	7.01%	1024	70.13%

表 5.8　组合 2 下 SVM 模型的敏感性评价结果统计

敏感区	分区栅格数	分区栅格占比	滑坡栅格数	滑坡栅格占比
极低敏感区	303 265	39.15%	30	2.05%
低敏感区	157 378	20.32%	71	4.86%
中敏感区	139 532	18.01%	82	5.62%
高敏感区	121 256	15.65%	255	17.47%
极高敏感区	53 139	6.87%	1022	70.00%

表 5.9　组合 3 下 SVM 模型的敏感性评价结果统计

敏感区	分区栅格数	分区栅格占比	滑坡栅格数	滑坡栅格占比
极低敏感区	298 322	38.51%	21	1.44%
低敏感区	174 473	22.53%	57	3.90%
中敏感区	149 149	19.26%	103	7.05%
高敏感区	118 353	15.28%	271	18.56%
极高敏感区	34 273	4.42%	1008	69.05%

5.1.4 Stacking 集成模型评价结果

基于 3 种因子组合，Stacking 集成模型得到的博山区滑坡敏感性评价结果如图 5.10 至图 5.12、表 5.10 至表 5.12 所示。

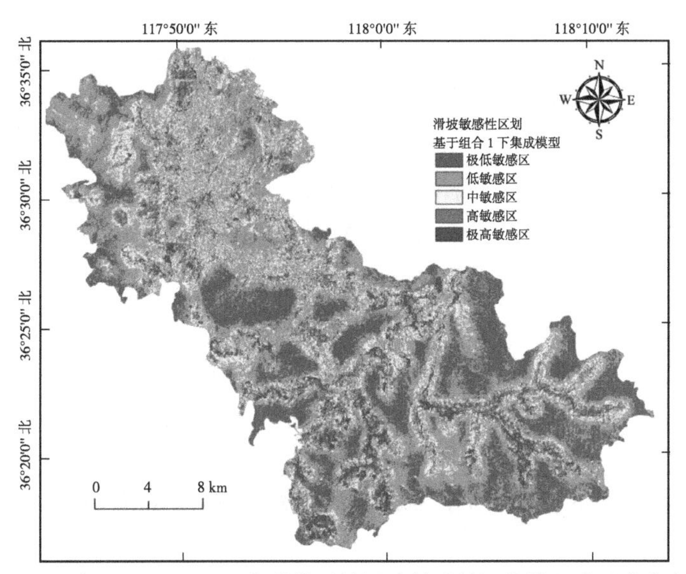

图 5.10　组合 1 下 Stacking 集成模型的滑坡敏感性评价结果（见书末彩插）

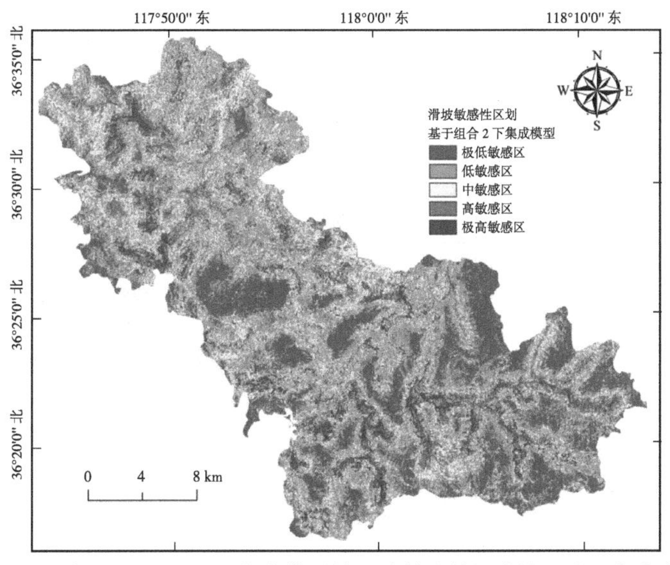

图 5.11　组合 2 下 Stacking 集成模型的滑坡敏感性评价结果（见书末彩插）

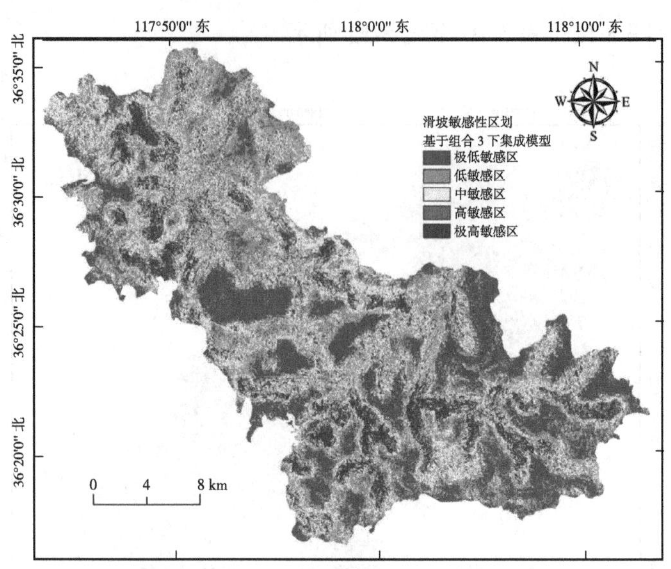

图 5.12　组合 3 下 Stacking 集成模型的滑坡敏感性评价结果（见书末彩插）

表 5.10　组合 1 下 Stacking 集成模型的敏感性评价结果统计

敏感区	分区栅格数	分区栅格占比	滑坡栅格数	滑坡栅格占比
极低敏感区	237 823	30.70%	22	1.51%
低敏感区	112 717	14.56%	48	3.29%
中敏感区	237 509	30.66%	75	5.13%
高敏感区	130 123	16.80%	242	16.58%
极高敏感区	56 398	7.28%	1073	73.49%

表 5.11　组合 2 下 Stacking 集成模型的敏感性评价结果统计

敏感区	分区栅格数	分区栅格占比	滑坡栅格数	滑坡栅格占比
极低敏感区	247 351	31.93%	25	1.71%
低敏感区	126 582	16.35%	29	1.99%
中敏感区	214 251	27.66%	61	4.18%
高敏感区	133 632	17.25%	257	17.60%
极高敏感区	52 754	6.81%	1088	74.52%

表 5.12　组合 3 下 Stacking 集成模型的敏感性评价结果统计

敏感区	分区栅格数	分区栅格占比	滑坡栅格数	滑坡栅格占比
极低敏感区	267 654	34.56%	25	1.71%
低敏感区	105 753	13.65%	23	1.58%
中敏感区	204 651	26.42%	53	3.63%
高敏感区	147 351	19.02%	256	17.53%
极高敏感区	49 161	6.35%	1103	75.55%

5.1.5 CNN 模型评价结果

基于 3 种因子组合，CNN 模型得到的博山区滑坡敏感性评价结果如图 5.13 至图 5.15、表 5.13 至表 5.15 所示。

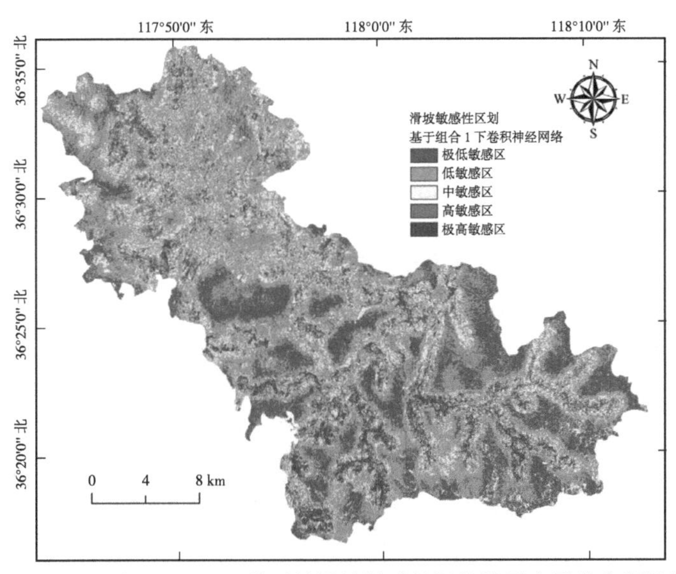

图 5.13　组合 1 下 CNN 模型的滑坡敏感性评价结果（见书末彩插）

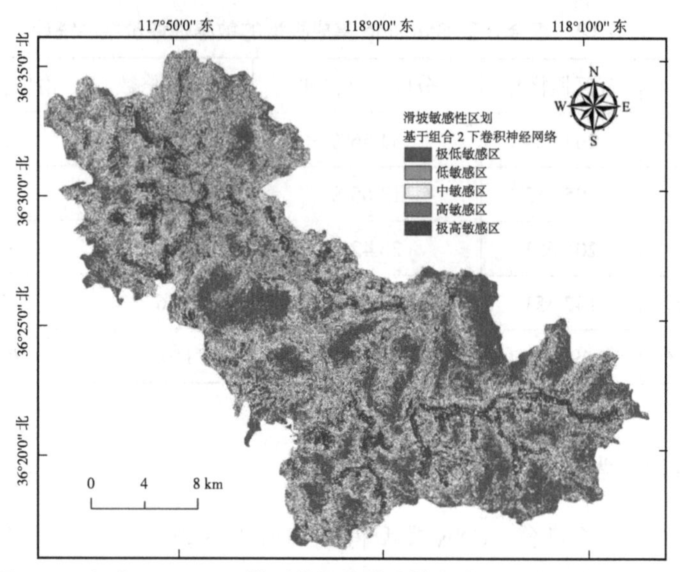

图 5.14　组合 2 下 CNN 模型的滑坡敏感性评价结果（见书末彩插）

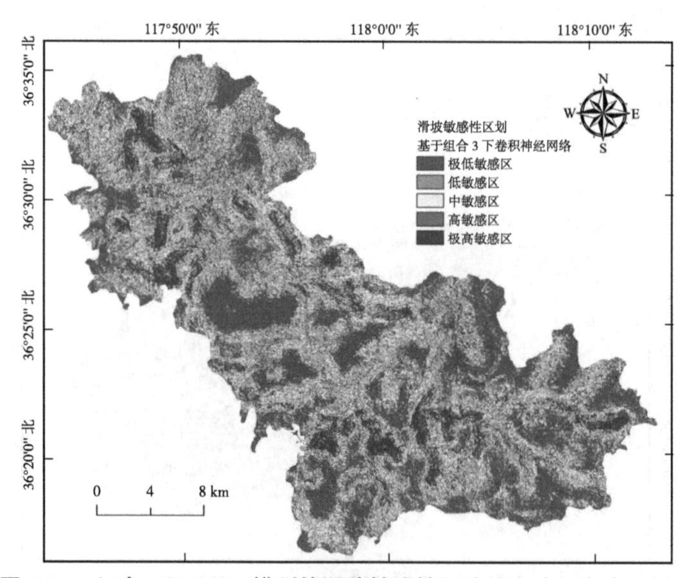

图 5.15　组合 3 下 CNN 模型的滑坡敏感性评价结果（见书末彩插）

表 5.13　组合 1 下 CNN 模型的敏感性评价结果统计

敏感区	分区栅格数	分区栅格占比	滑坡栅格数	滑坡栅格占比
极低敏感区	247 674	31.98%	24	1.64%
低敏感区	164 564	21.25%	27	1.85%
中敏感区	185 914	24.00%	114	7.81%
高敏感区	124 564	16.08%	268	18.36%
极高敏感区	51 854	6.69%	1027	70.34%

表 5.14　组合 2 下 CNN 模型的敏感性评价结果统计

敏感区	分区栅格数	分区栅格占比	滑坡栅格数	滑坡栅格占比
极低敏感区	243 794	31.47%	15	1.03%
低敏感区	124 699	16.10%	23	1.58%
中敏感区	253 151	32.68%	71	4.86%
高敏感区	102 652	13.25%	279	19.11%
极高敏感区	50 274	6.50%	1072	73.42%

表 5.15　组合 3 下 CNN 模型的敏感性评价结果统计

敏感区	分区栅格数	分区栅格占比	滑坡栅格数	滑坡栅格占比
极低敏感区	263 027	33.96%	13	0.89%
低敏感区	113 539	14.66%	17	1.16%
中敏感区	233 292	30.12%	55	3.77%
高敏感区	117 799	15.21%	277	18.97%
极高敏感区	46 913	6.05%	1098	75.21%

5.1.6 滑坡敏感性评价结果总结

基于因子组合 3 的 CNN 模型的预测精度最高，其极高敏感区主要分布在博山区西北部、南部、东部。西北部极高敏感区分布在域城镇西南部、山头街道大部，其中山头街道地貌奇特、溶洞发育、岭断成沟，部分边坡和土岭常年受洪水冲击和工程挖掘。南部极高敏感区分布在博山镇东部、池上镇西部，其中博山镇水资源丰富，东部河堰、河坝、水库等工程建设活动频繁；池上镇西部为丘陵山区，位于淄河上游，海拔高差较大，多条公路贯穿东西。东部极高敏感区分布在城西街道以南，区内道路改建等工程活动形成大量未经处治的边坡。

基于 3 种因子组合的模型评价结果显示，极高敏感区占博山区面积的 5% 左右，在极高敏感区中分布的滑坡栅格占滑坡栅格总数的 70% 左右。将高敏感区和极高敏感区内的滑坡栅格数占总滑坡栅格数的比作为滑坡敏感性评价的验证精度。结果表明，同一模型下，基于因子组合 3 的滑坡敏感性评价结果最优，验证精度为 0.9040，较组合 1、组合 2 平均提高 0.0251、0.0103；同一因子组合下，基于 CNN 模型的滑坡敏感性评价结果最优，验证精度为 0.9180，较 RF、LR、SVM 和 Stacking 集成模型平均提高 0.0454、0.0390、0.0408 和 0.0050。

5.2 评价结果对比分析

5.2.1 不同评价因子组合的评价结果对比

本章以因子组合 3 下的 CNN 模型作为基准模型，基于 ArcGIS 10.2 的叠加和栅格计算器功能，将基准模型得到的滑坡敏感性评价结果与基于其他因子组合下 CNN 模型得到的评价结果进行比较，将比较区域分为过高估计区域、过低估计区域和相等区域，如图 5.16 所示。

117°50'0" 东
118°0'0" 东
118°10'0" 东
36°35'0" 北
36°30'0" 北
36°25'0" 北
36°20'0" 北
N
W
E
S
组合 1 相较组合 3
过低估计区域
过高估计区域
相等区域
0
4
8 km

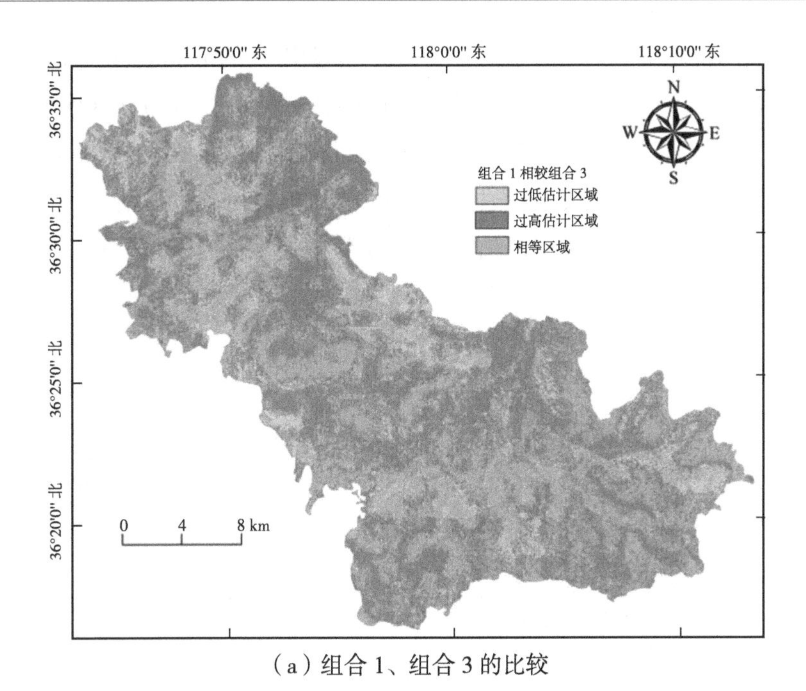

（a）组合 1、组合 3 的比较

117°50'0" 东
118°0'0" 东
118°10'0" 东
36°35'0" 北
36°30'0" 北
36°25'0" 北
36°20'0" 北
N
W
E
S
组合 2 相较组合 3
过低估计区域
过高估计区域
相等区域
0
4
8 km

（b）组合 2、组合 3 的比较

图 5.16　不同因子组合的滑坡敏感性评价结果比较（见书末彩插）

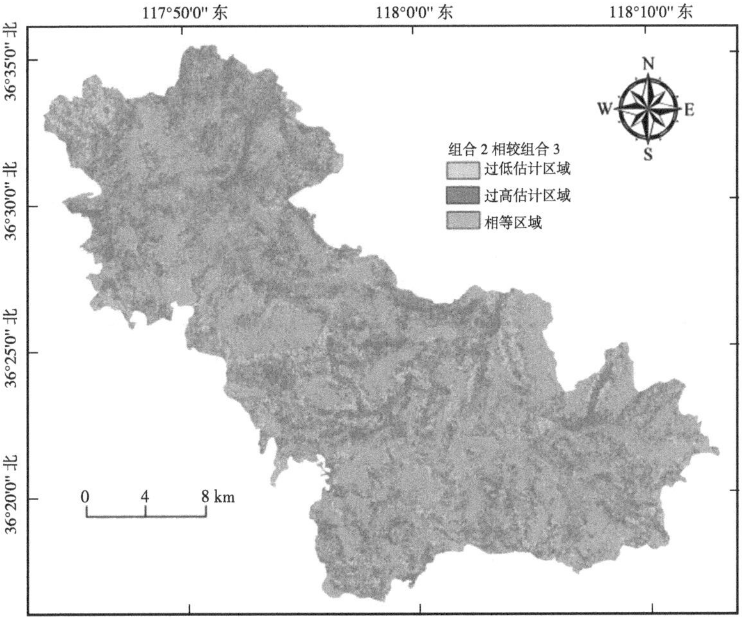

由图 5.16 可知，不同因子组合下 CNN 模型得到的滑坡敏感性评价结果存在较大差异。因子组合 1 下模型预测的错误区域较多，过高估计区域主要分布在博山区的南部、过低估计区域主要分布在博山区的西北部。因子组合 2 下模型预测的错误区域较少，过高估计区域分布均匀，过低估计区域主要分布在博山区的西北部。将错误估计区域与部分滑坡影响因素分布进行叠加，如图 5.17、图 5.18 所示。

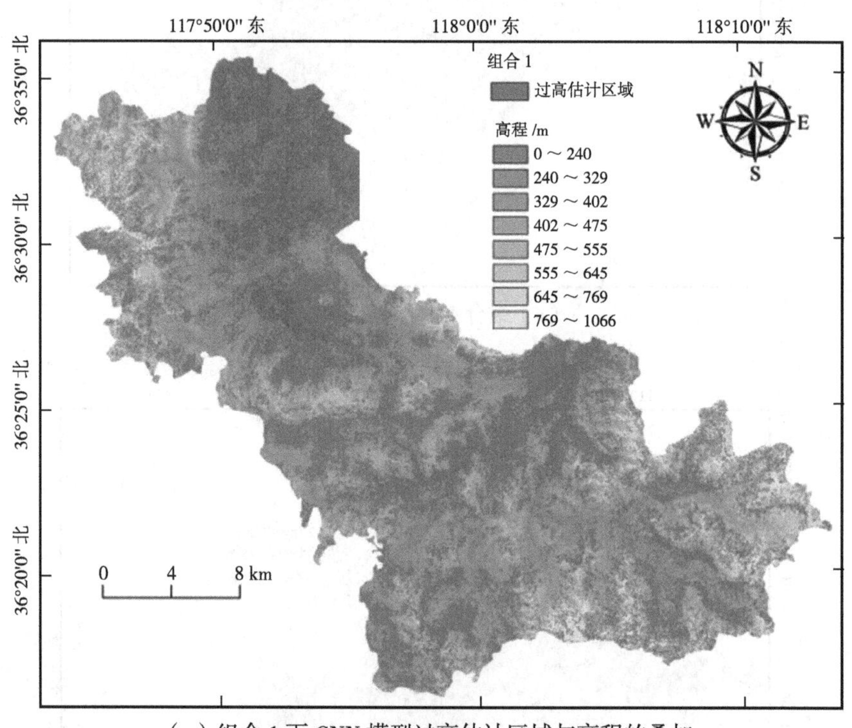

（a）组合 1 下 CNN 模型过高估计区域与高程的叠加

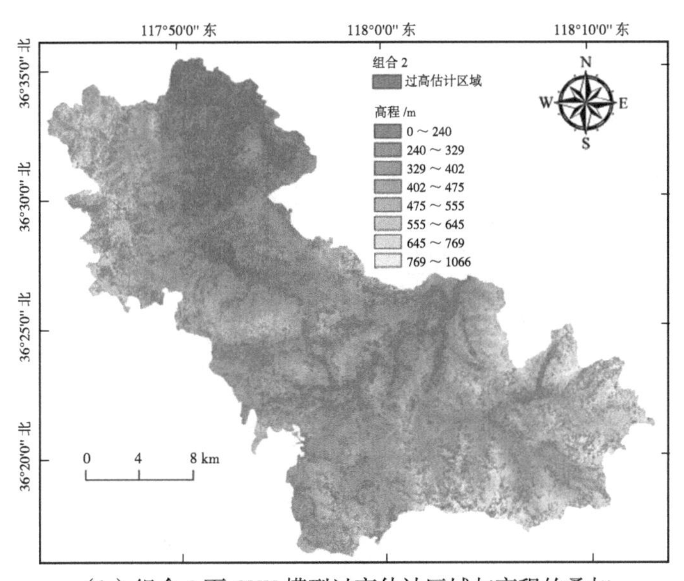

（b）组合 2 下 CNN 模型过高估计区域与高程的叠加

图 5.17　过高估计区域与高程的叠加（见书末彩插）

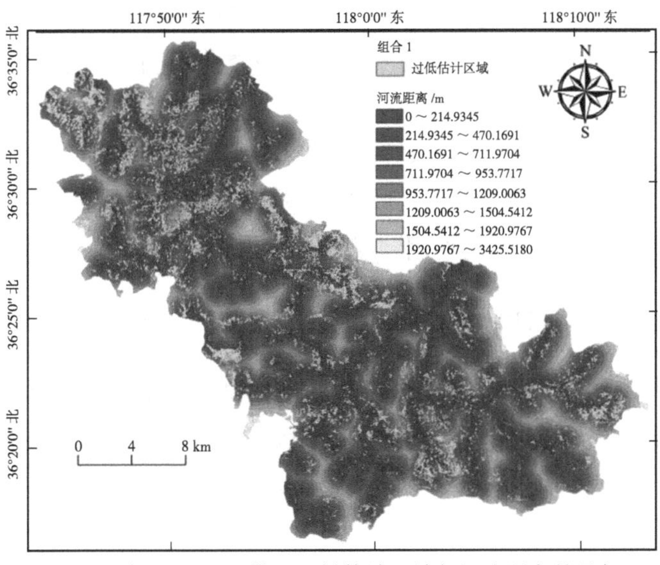

（a）组合 1 下 CNN 模型过低估计区域与河流距离的叠加

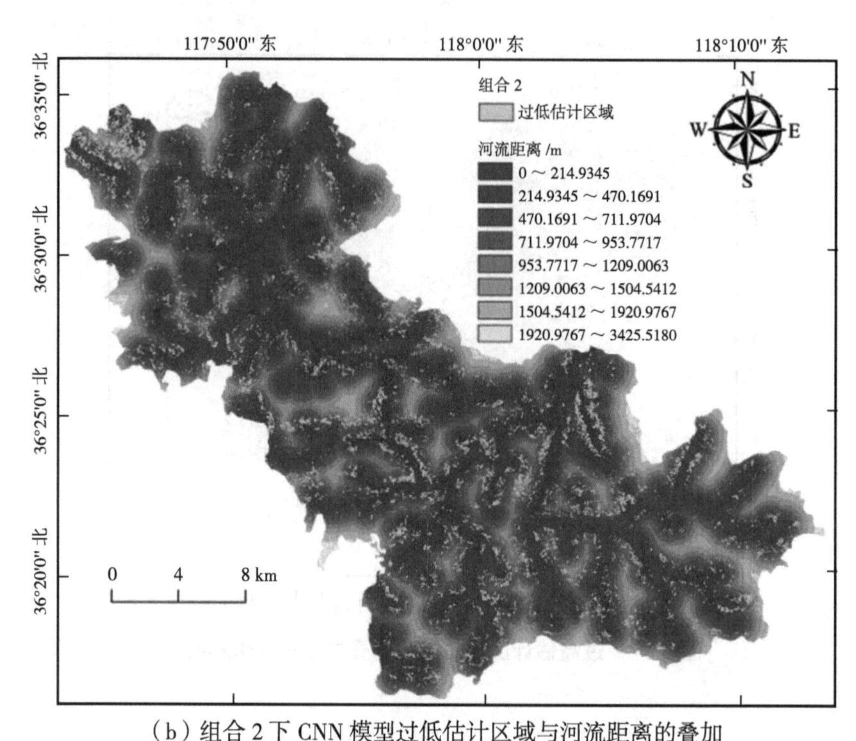

（b）组合 2 下 CNN 模型过低估计区域与河流距离的叠加

图 5.18　过低估计区域与河流距离的叠加（见书末彩插）

由图 5.17、图 5.18 可知，过高估计区域与高海拔区域的重合率较高，过低估计区域与距离河流近的区域重合率较高。说明因子组合 1、组合 2 下 CNN 模型过度强调了高程的作用，弱化了河流距离的作用。

5.2.2 不同评价模型的评价结果对比

以因子组合 3 下的 CNN 模型作为基准模型，基于 ArcGIS 10.2 的叠加和栅格计算器功能，将基准模型得到的滑坡敏感性评价结果与同一因子组合下其他模型的评价结果进行比较，如图 5.19 所示。

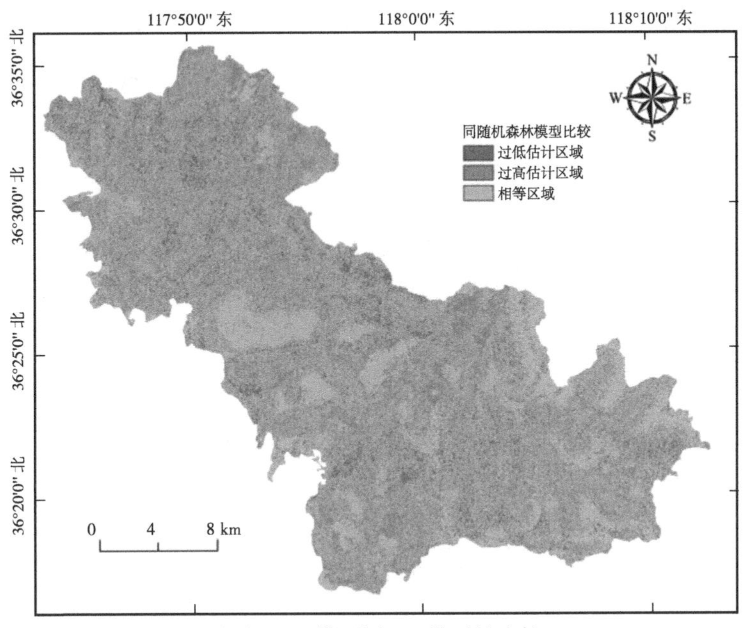

（a）CNN 模型同 RF 模型的比较

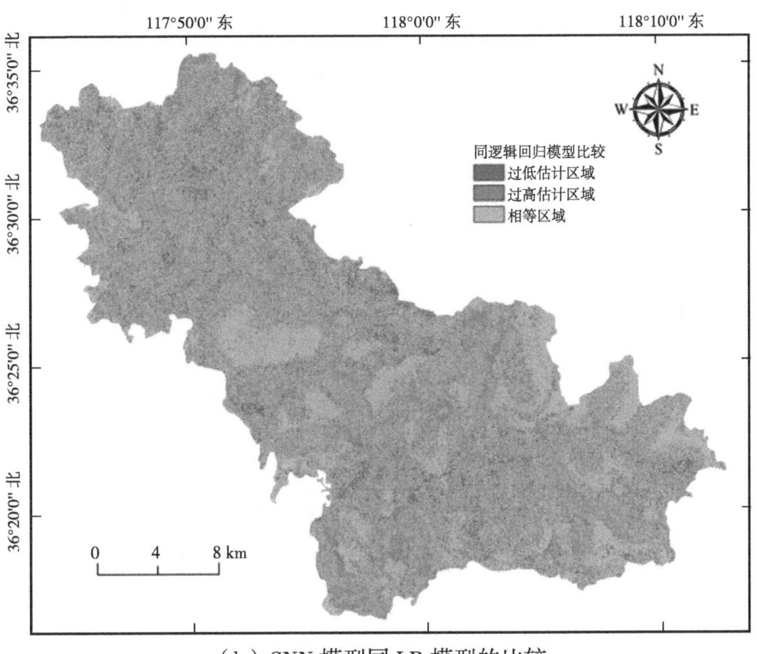

（b）CNN 模型同 LR 模型的比较

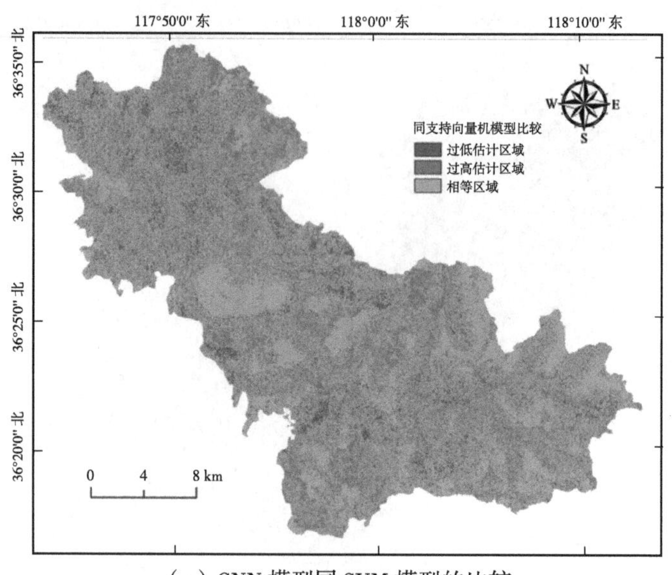

（c）CNN 模型同 SVM 模型的比较

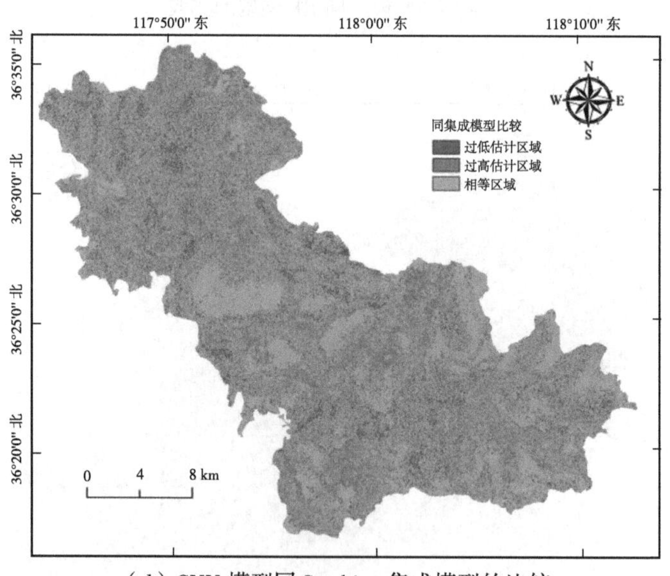

（d）CNN 模型同 Stacking 集成模型的比较

图 5.19　不同模型的滑坡敏感性评价结果比较（见书末彩插）

由图 5.19 可知，不同评价模型得到的滑坡敏感性评价结果中，敏感性相同的区域面积远大于错误估计的区域面积，5 种模型在博山区滑坡敏感性评价上均无较大错误。LR 模型错误估计区域最多，多为过高估计，呈散点式分布在博山区；RF 模型与 SVM 模型错误估计区域基本一致，呈片状分布在博山区；Stacking 集成模型错误估计区域最少，基本位于其他模型错误估计区域以内。同 RF 模型、LR 模型和 SVM 模型相比，Stacking 集成（RF–LR–SVM）模型评价结果更为合理。

Stacking 集成模型错误估计区域最少，且基本位于其他模型错误估计区域内，将 Stacking 集成模型的过高估计区域、过低估计区域同部分滑坡影响因素叠加，如图 5.20、图 5.21 所示。

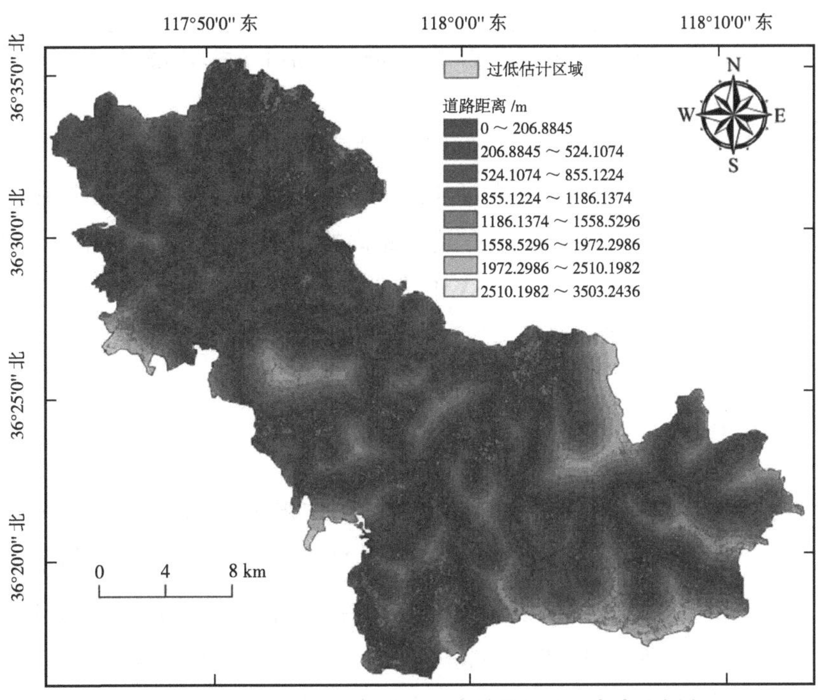

图 5.20　过低估计区域与道路距离的叠加（见书末彩插）

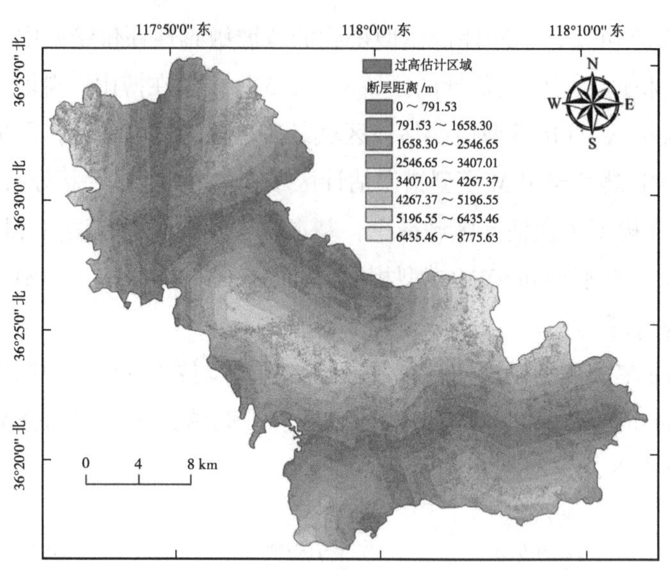

图 5.21　过高估计区域与断层距离的叠加（见书末彩插）

由图 5.20、图 5.21 可知，过低估计区域分布在距离道路近的区域，过高估计区域的分布呈散点状，与距断层距离近的区域重合率较高。结果表明，同 CNN 模型相比，其他模型弱化了道路距离的作用，高估了断层距离的作用。综上所述，RF 模型、LR 模型、SVM 模型和 Stacking 集成模型在训练时，容易舍弃样本中部分因子的特征信息以达到模型整体精度最优的目的。

5.3　本章小结

①基于 3 种因子组合下 5 种模型对博山区滑坡敏感性进行评价，基于 ArcGIS 10.2 统计功能对各敏感性评价结果进行分区统计。结果表明同一模型下，基于因子组合 3 的滑坡敏感性评价结果最优，验证精度较组合 1、组合 2 平均提高 0.0251、0.0103；同一因子组合下，基于 CNN 模型的滑坡敏感性评价结果最优，验证精度较 RF、LR、SVM 和 Stacking 集成模型平均提高 0.0454、0.0390、0.0408 和 0.0050。

②以因子组合 3 下的 CNN 模型为基准模型，对比不同模型和不同评价因子组合在博山区滑坡敏感性评价结果上的差异。结果表明不同因子组合下同

一模型的滑坡敏感性评价结果差异明显，因子组合 1、组合 2 下的模型较基准模型高估了高程对滑坡敏感性的贡献度，低估了河流距离的贡献度；同一因子组合下不同模型的滑坡敏感性评价结果差异性较小，Stacking 集成模型评价结果更接近基准模型评价结果，较基准模型弱化了道路距离的作用，高估了断层距离的作用。

综上所述，3 种评价因子组合下 5 种模型在滑坡敏感性评价上均体现出较好的适用性。不同模型对博山区滑坡敏感性的预测精度影响较大，以 CNN 模型为评价模型时，精度提升显著；不同评价因子组合对博山区滑坡敏感性评价结果的影响较大，基于因子组合 1、组合 2 下 CNN 模型的滑坡敏感性评价极端分类倾向强，易产生过高估计和过低估计等错误估计区域。本章将因子组合 3 下 CNN 模型的滑坡敏感性评价结果用于后续章节，以分析动态因子的时变性同滑坡敏感性分布的关系。

第 6 章　基于动态因子的滑坡敏感性分析

为分析动态因子时变性对滑坡敏感性的影响，本章通过提取土地利用、人口密度和 *NDVI* 等动态致灾因子信息，结合因子组合 3 下 CNN 模型的滑坡敏感性评价结果，分析动态因子变化同滑坡敏感性空间分布的关系。

6.1　土地利用变化对滑坡敏感性的影响

6.1.1 土地利用对滑坡敏感性的解释程度分析

地理探测器是探测要素空间分异性，揭示其背后驱动力的统计学方法，常用于分析各自变量对因变量的解释程度和自变量交互作用的类型。地理探测器主要有 4 种功能：分异及因子探测、交互作用探测、风险区探测和生态探测。分异及因子探测能够以 q 值度量自变量 X 对因变量 Y 空间分异的解释程度，q 值计算方法如式 6.1、式 6.2 所示。

$$q = 1 - \frac{\sum_{h=1}^{L} N_h \sigma_h^2}{N\sigma^2} = 1 - \frac{SSW}{SST}, \tag{6.1}$$

$$SSW = \sum_{h=1}^{L} N_h \sigma_h^2,\ SST = N\sigma^2。 \tag{6.2}$$

式中：q 为自变量 X 对因变量 Y 的解释程度，h 为自变量 X 的第 h 分区，L 为自变量 X 分区数量，σ_h 为自变量 X 第 h 区 Y 值的标准差，σ 为全区 Y 值的标准差，N_h 为自变量第 h 分区栅格数量，N 为全区栅格数量。q 值的范围为 [0,1]，q 值越大表示自变量 X 对因变量 Y 的解释程度越强，反之越弱。q 值为 1 时表示自变量 X 完全控制因变量 Y 的空间分布，q 值为 0 时表示自变量 X 与因变量 Y 无关。

分别以2013—2021年博山区土地利用类型作为自变量X，以因子组合3下CNN模型得到的博山区滑坡敏感性概率作为因变量Y，土地利用类型数量L为6个，博山区栅格总数N为774 570。基于Geodetector计算2013—2021年土地利用对滑坡敏感性的q值，如图6.1所示。

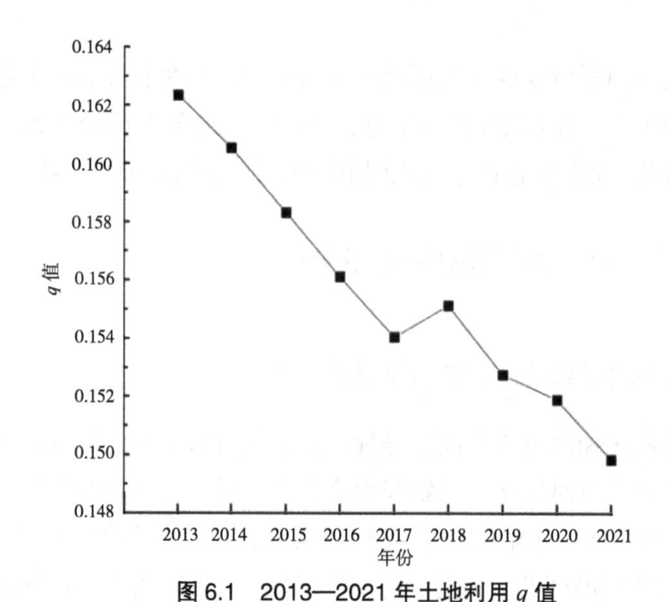

图6.1　2013—2021年土地利用q值

由图6.1可知，2013—2021年博山区土地利用对滑坡敏感性的解释程度整体呈下降趋势，表明近年来博山区政府对土地利用的合理规划使土地利用空间布局得到优化。2018年，土地利用对滑坡敏感性的q值有所回升，结合表2.2可知，2018年人类工程活动强度的加剧导致耕地占比降低、人造用地占比增加，土地利用结构遭到破坏。

6.1.2 土地利用变化对滑坡敏感性的交互作用分析

地理探测器的交互作用探测能够识别不同自变量的交互作用类型，即自变量$X1$和$X2$的共同作用对因变量Y的解释程度。过程如下：

①分别计算自变量$X1$和$X2$对因变量Y的q值，即$q(X1)$和$q(X2)$；

②叠加自变量$X1$和$X2$并输出其交互产生的组合$X1 \cap X2$；

③计算自变量交互组合的 q 值，即 $q(X1 \cap X2)$，将 $q(X1)$、$q(X2)$ 与 $q(X1 \cap X2)$ 进行比较，判断 2 个自变量的交互作用类型。

交互作用类型如表 6.1 所示。

表 6.1　双自变量对因变量的交互作用

判据	交互作用
$q(X1 \cap X2) < \mathrm{Min}(q(X1), q(X2))$	非线性减弱
$\mathrm{Min}(q(X1), q(X2)) < q(X1 \cap X2) < \mathrm{Max}(q(X1), q(X2))$	单因子非线性减弱
$q(X1 \cap X2) > \mathrm{Max}(q(X1), q(X2))$	双因子增强
$q(X1 \cap X2)=q(X1)+q(X2)$	独立
$q(X1 \cap X2) > q(X1)+q(X2)$	非线性增强

对 2013—2021 年的博山区土地利用类型进行统计，使用 ArcGIS 10.2 的像元统计功能提取博山区原土地利用类型分布和变化后土地利用类型分布，使用相交功能绘制博山区土地利用变化分布，如图 6.2、图 6.3 所示。

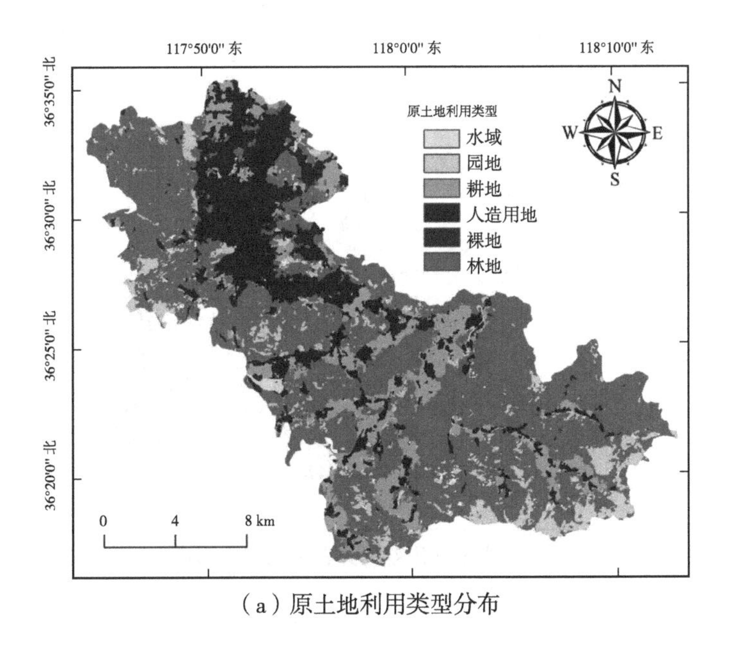

（a）原土地利用类型分布

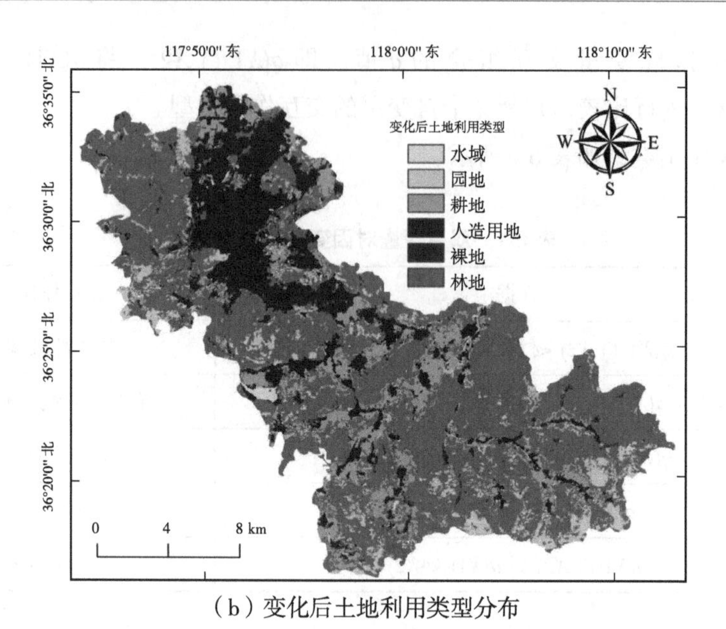

（b）变化后土地利用类型分布

图 6.2　变化前后的土地利用类型分布（见书末彩插）

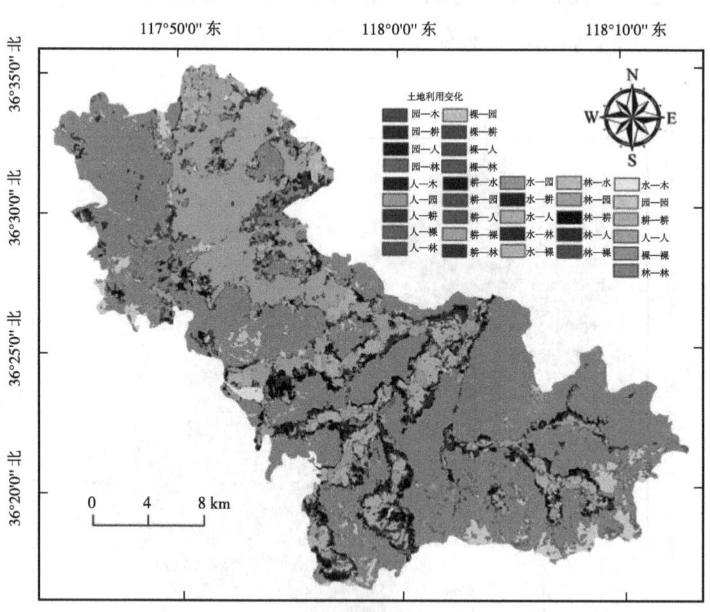

图 6.3　土地利用变化分布（见书末彩插）

本章利用交互作用探测分析博山区土地利用变化对滑坡敏感性的交互作用。分别以原土地利用类型和变化后土地利用类型作为自变量 $X1$ 和 $X2$，以土地利用变化作为自变量交互组合 $X1 \cap X2$，以因子组合 3 下 CNN 模型得到的博山区滑坡敏感性概率作为因变量 Y，基于 Geodetector 判断自变量交互作用的类型，如表 6.2 所示。

表 6.2　交互作用探测结果

$q(X1)$	$q(X2)$	$q(X1)+q(X2)$	$Min(q(X1), q(X2))$	$Max(q(X1), q(X2))$	$q(X1 \cap X2)$	交互作用类型
0.1621	0.1492	0.3113	0.1492	0.1621	0.1902	双因子增强

由表 6.2 可知，双自变量交互时（土地利用发生变化），交互作用类型为双因子增强。表明土地利用变化提高了滑坡敏感性概率，如在进行河渠、水库和道路修建时，人造用地向水域、耕地和园地的扩张导致地质环境稳定性降低，滑坡发生概率增加。基于 ArcGIS 10.2 将因子组合 3 下 CNN 模型得到的滑坡敏感性概率同土地利用变化叠加，得到不同土地利用变化中各敏感区的占比，如表 6.3 所示。

表 6.3　不同土地利用变化中各敏感区占比

土地利用变化	极低敏感区占比	低敏感区占比	中敏感区占比	高敏感区占比	极高敏感区占比
耕地→水域	28.57%	10.28%	41.91%	12.05%	7.19%
耕地→园地	37.14%	13.36%	34.69%	9.28%	5.53%
耕地→耕地	81.98%	13.70%	1.78%	1.59%	0.95%
耕地→人造用地	8.93%	3.21%	26.31%	38.55%	23.00%
耕地→裸地	0	0	0	0	0
耕地→林地	14.24%	5.12%	42.03%	24.18%	14.43%

续表

土地利用变化	极低敏感区占比	低敏感区占比	中敏感区占比	高敏感区占比	极高敏感区占比
林地→水域	9.46%	3.40%	29.02%	36.40%	21.72%
林地→园地	58.72%	24.72%	8.56%	5.01%	2.99%
林地→耕地	23.61%	8.49%	44.61%	14.59%	8.70%
林地→人造用地	30.69%	11.04%	40.35%	11.23%	6.69%
林地→裸地	33.96%	12.22%	37.63%	10.14%	6.05%
林地→林地	39.06%	14.05%	32.81%	8.82%	5.26%
园地→水域	9.26%	3.33%	28.03%	37.19%	22.19%
园地→园地	46.28%	16.65%	25.19%	7.44%	4.44%
园地→耕地	30.85%	11.10%	40.23%	11.16%	6.66%
园地→人造用地	19.36%	6.96%	45.28%	17.78%	10.62%
园地→裸地	28.45%	10.23%	41.99%	12.11%	7.22%
园地→林地	17.57%	6.32%	44.82%	19.60%	11.69%
水域→水域	24.84%	8.94%	44.09%	13.86%	8.27%
水域→园地	47.69%	17.15%	23.63%	7.22%	4.31%
水域→耕地	37.38%	13.45%	34.46%	9.21%	5.5%
水域→人造用地	25.24%	9.08%	43.89%	13.65%	8.14%
水域→裸地	37.80%	13.60%	34.06%	9.10%	5.44%
水域→林地	10.73%	3.86%	34.18%	32.09%	19.14%
人造用地→水域	24.11%	8.67%	44.41%	14.29%	8.52%
人造用地→园地	36.74%	13.22%	35.08%	9.37%	5.59%
人造用地→耕地	31.52%	11.34%	39.70%	10.92%	6.52%
人造用地→人造用地	14.73%	5.30%	42.64%	23.38%	13.95%

续表

土地利用变化	极低敏感区占比	低敏感区占比	中敏感区占比	高敏感区占比	极高敏感区占比
人造用地→裸地	33.74%	12.14%	37.83%	10.20%	6.09%
人造用地→林地	24.62%	8.86%	44.19%	13.98%	8.35%
裸地→水域	0	0	0	0	0
裸地→园地	30.65%	12.11%	40.90%	10.23%	6.11%
裸地→耕地	34.19%	12.30%	37.43%	10.07%	6.01%
裸地→人造用地	33.90%	12.20%	37.68%	10.16%	6.06%
裸地→裸地	29.96%	12.17%	41.68%	10.14%	6.05%
裸地→林地	8.68%	3.12%	24.85%	39.68%	23.67%

由表 6.3 可知，裸地→林地变化区域极高敏感区占比最大（23.67%），其次为耕地→人造用地（23.00%）、园地→水域（22.19%）、林地→水域（21.72%）、水域→林地（19.14%），由表 5.15 可知，博山区滑坡敏感性区划中极高敏感区占比仅为 6.05%。说明裸地→林地、耕地→人造用地、园地→水域、林地→水域和水域→林地等土地利用变化提高了滑坡敏感性概率。

一般来说，林地植被的固坡能力使区域的滑坡敏感性概率降低，而博山区发生裸地→林地变化的区域多处于南部山区，在荒山造林政策实施的初期，林地植被的固坡作用不明显，无法起到防止水土流失的目的，且人类改造地表，人工动土频繁，破坏了裸地较稳定的原有地质环境，提高了滑坡敏感性概率。博山区耕地→人造用地变化的区域多处于东北部及中部的低山丘陵区，人类活动频繁，植被遭到破坏，人工开挖边坡、修建道路等工程活动破坏了边坡稳定性，导致滑坡敏感性概率提高。博山区中园地→水域、林地→水域、水域→林地等变化的区域多处于孝妇河及淄河沿岸，随着人类频繁的工程活动，水域周边土壤的水分渗漏速度加快，边坡稳定性降低，滑坡敏感性概率提高。

博山区土地利用未发生变化的区域极低敏感区占比大，依次为耕地（81.98%）、园地（46.28%）、林地（39.06%）、人造用地（31.52%）、裸地（29.96%）和水域（24.84%）。表明土地利用未变化区域的地质环境相对稳定，其中耕地区域开发利用程度较高，相对固定的环境有利于增强区域内土壤、岩体对外界干扰的抵御能力。

6.2 人口密度变化对滑坡敏感性的影响

将博山区 2013—2021 年的人口密度进行统计分析，根据人口流动强度将博山区划分为人口流动过度区域、人口流动适度区域和人口流动稳定区域，人口流动强度计算方法如式 6.3 所示。

$$Y=\frac{1}{N}\sum_{i}^{n}|X_i|。\qquad(6.3)$$

式中：Y 表示人口流动强度，N 为年时间序列数量，X_i 为相邻年份的人口密度变化。当 $Y>50$ 时表示人口流动过度，当 $20<Y\leqslant 50$ 时表示人口流动适度，当 $Y\leqslant 20$ 时表示人口流动稳定。基于 ArcGIS 10.2 栅格计算器得到博山区人口流动强度分布，如图 6.4 所示。

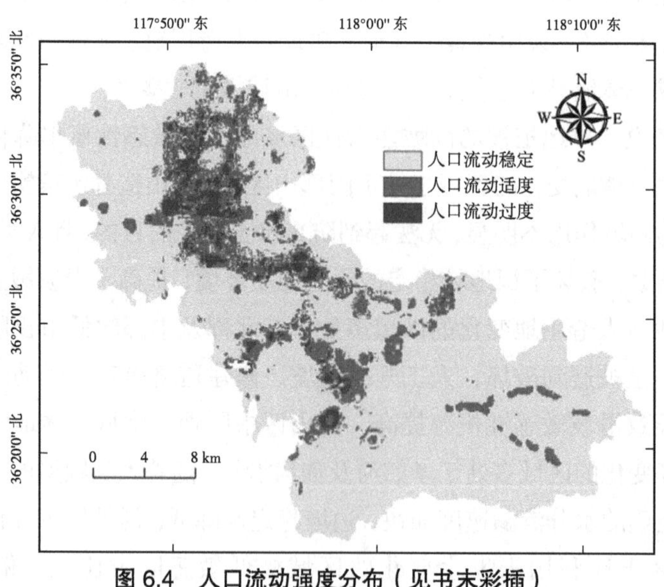

图 6.4 人口流动强度分布（见书末彩插）

由图 6.4 可知，博山区人口流动稳定区域分布广泛，占全区的 65.7%。人口流动适度和过度区域较少，多位于中部低山丘陵区。基于 ArcGIS 10.2 将因子组合 3 下 CNN 模型得到的滑坡敏感性概率同人口流动强度叠加，得到了不同人口流动强度中各敏感区的占比，如表 6.4 所示。

表 6.4　不同人口流动强度中各敏感区占比

人口流动强度	极低敏感区占比	低敏感区占比	中敏感区占比	高敏感区占比	极高敏感区占比
人口流动过度	11.11%	8.68%	29.11%	29.92%	21.18%
人口流动适度	27.67%	13.55%	30.96%	16.72%	11.10%
人口流动稳定	39.69%	15.90%	28.12%	13.38%	2.91%

由表 6.4 可知，人口流动过度区域极高敏感区占比最大（21.18%），其次是人口流动适度区域（11.10%）和人口流动稳定区域（2.91%），极低敏感区占比随人口流动程度的加强而减少。人口流动过度时，一方面快速增长的人口需要更多的生存发展资源，使人类对地质、水文环境造成破坏，滑坡敏感性概率提高；另一方面大量工程活动导致人口数量减少，地质环境愈发脆弱，滑坡发生概率增加。

6.3　*NDVI* 变化对滑坡敏感性的影响

6.3.1 *NDVI* 年际变化的影响

一元线性回归是分析多个变量间统计联系的重要方法，常用于植被的年际变化趋势分析，它可以通过回归方程的斜率反映植被覆盖的时空变化特征，回归方程斜率计算方法如式 6.4 所示。

$$Slope = \frac{n\sum_{i=1}^{n} iN_i - \sum_{i=1}^{n} i \sum_{i=1}^{n} N_i}{n\sum_{i=1}^{n} i^2 - \left(\sum_{i-1}^{n} i\right)^2}。 \tag{6.4}$$

式中：*Slope* 为一元线性回归方程的斜率，表征 *NDVI* 变化趋势，n 为年时间序列数量，i 为时间变量，N_i 为第 i 年的 *NDVI*。$Slope > 0$ 表明 *NDVI* 呈增加趋势，值越大表示增加趋势越显著；$Slope < 0$ 表明 *NDVI* 呈减少趋势，值越小表示减少趋势越显著；$Slope=0$ 表明 *NDVI* 无明显变化。

本章使用一元线性回归趋势分析法分析博山区 774 570 个栅格的 *NDVI* 年际变化趋势，根据博山区每个栅格的 *Slope* 值，将博山区 *NDVI* 变化趋势分为5类，显著增加（$Slope > 0.1$）、轻微增加（$0.03 < Slope \leqslant 0.1$）、基本不变（$-0.03 < Slope \leqslant 0.03$）、轻微减少（$-0.1 < Slope \leqslant -0.03$）和显著减少（$Slope \leqslant -0.1$），基于 ArcGIS 10.2 栅格计算器得到博山区 *NDVI* 变化趋势分布，如图 6.5 所示。

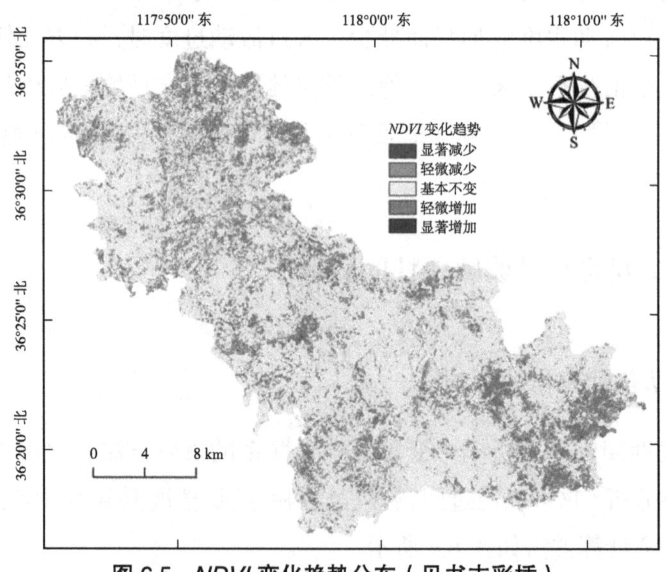

图 6.5　*NDVI* 变化趋势分布（见书末彩插）

由图 6.5 可知，博山区 *NDVI* 呈增加趋势的区域多位于东北部的丘陵河谷区和南部山区，东北部地势平缓，耕地面积较大，随着退耕还园、还林政策的实施，*NDVI* 显著增加；南部山区的荒山绿化建设使池上镇福山区域的林地区域扩张，植被覆盖程度大大增加。*NDVI* 基本不变区域分布广泛，占全区面积的 71.13%。*NDVI* 减少区域占比极少，呈散点式分布在北部人口密集区域。基于 ArcGIS 10.2 将因子组合 3 下 CNN 模型得到的滑坡敏感性概率同 *NDVI* 变化趋势叠加，得到了各 *NDVI* 变化趋势区域中不同敏感区占比，如表 6.5 所示。

表 6.5　各 *NDVI* 变化趋势中不同敏感区占比

NDVI 变化趋势	极低敏感区占比	低敏感区占比	中敏感区占比	高敏感区占比	极高敏感区占比
显著增加	21.63%	19.09%	39.23%	12.77%	7.28%
轻微增加	20.52%	23.21%	35.74%	14.42%	6.11%
基本不变	29.54%	16.20%	40.86%	9.92%	3.48%
轻微减少	7.36%	17.17%	39.51%	21.03%	14.93%
显著减少	9.65%	12.96%	37.64%	22.93%	16.82%

由表 6.5 可知，*NDVI* 显著减少的区域极高敏感区占比最大（16.82%），其次为轻微减少区域（14.93%）、显著增加区域（7.28%）、轻微增加区域（6.11%）和基本不变区域（3.48%）。*NDVI* 的快速减少导致地质环境稳定性下降，加之降雨、河流冲刷等诱发因素，滑坡敏感性概率大大增加。故在进行植树造林、工程建设时，应使 *NDVI* 变化维持相对缓慢的速率。

6.3.2 *NDVI* 稳定性的影响

变异系数能够反映数据的离散程度，以变异系数反映博山区 *NDVI* 的稳定性，计算方法如式 6.5 所示。

$$CV=\frac{1}{\overline{N}}\sqrt{\frac{\sum_{i=1}^{n}N_i^{\,2}-\frac{\left(\sum_{i=1}^{n}N_i\right)^2}{n}}{n}}。\tag{6.5}$$

式中：CV 为变异系数，表征 *NDVI* 稳定性，n 为年时间序列数量，N_i 为第 i 年的 *NDVI*，$\bar{N}$ 为 n 年 *NDVI* 平均值。CV 越小，表明 *NDVI* 稳定性越高。本章分析博山区 774 570 个栅格的 *NDVI* 稳定性，根据博山区每个栅格的 CV 值，将博山区划分为 4 类区域，变化稳定区域（$CV \leqslant 0.05$）、变化轻微区域（$0.05 < CV < 0.08$）、变化较大区域（$0.08 \leqslant CV < 0.10$）和变化剧烈区域（$CV \geqslant 0.10$），基于 ArcGIS 10.2 处理得到博山区 *NDVI* 稳定性分布，如图 6.6 所示。

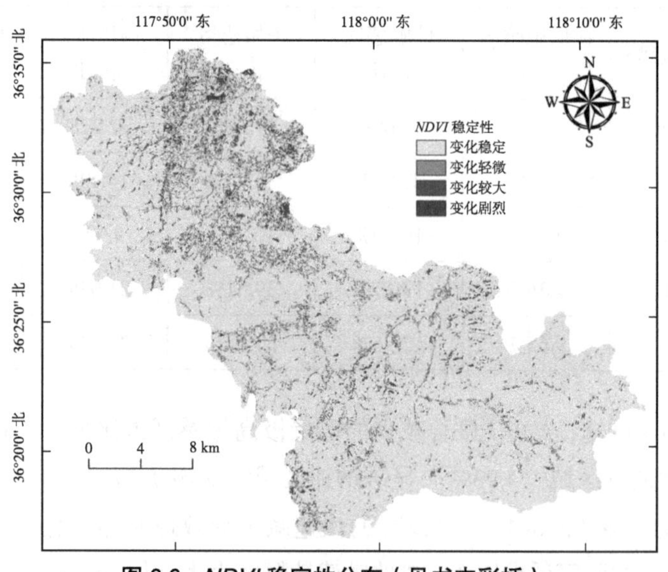

图 6.6 *NDVI* 稳定性分布（见书末彩插）

由图 6.6 可知，博山区 *NDVI* 变化较大和剧烈区域较少，多位于博山城区及周边的白塔镇和域城镇等，博山区以博山城区为中心实施“西扩北进”的工程规划，导致周边地区人类活动频繁，植被覆盖变化剧烈。*NDVI* 变化稳定区域分布广泛，占全区的 78.46%。基于 ArcGIS 10.2 将因子组合 3 下 CNN 模型得到的滑坡敏感性概率同 *NDVI* 稳定性叠加，得到了各 *NDVI* 稳定性区域中不同敏感区占比，如表 6.6 所示。

表 6.6　各 *NDVI* 稳定性区域中不同敏感区占比

NDVI 稳定性	极低敏感区占比	低敏感区占比	中敏感区占比	高敏感区占比	极高敏感区占比
变化稳定	22.74%	27.72%	33.84%	11.74%	3.96%
变化轻微	19.04%	26.27%	35.74%	13.58%	5.37%
变化较大	9.14%	29.83%	35.29%	16.91%	8.83%
变化剧烈	7.24%	23.32%	33.67%	21.05%	14.72%

由表 6.6 可知，*NDVI* 变化剧烈的区域极高敏感区占比最大（14.72%），其次为变化较大区域（8.83%）、变化轻微区域（5.37%）和变化稳定区域（3.96%），极低敏感区占比随 *NDVI* 稳定程度的增强而增大。表明 *NDVI* 年际变化过大易导致地质环境稳定性下降，*NDVI* 多次相反方向的变化更容易引发滑坡。故不宜在短时期进行大肆伐木、种林等连续工作，应在区域地质环境较稳定后进行后续人类工程活动。

6.4　本章小结

①使用地理探测器的分异及因子探测功能分析博山区 2013—2021 年的土地利用对滑坡敏感性的解释程度，结果表明土地利用对滑坡敏感性的 q 值整体上呈下降趋势，博山区土地利用结构和空间分布逐年优化。使用交互作用探测功能分析土地利用变化对滑坡敏感性的交互作用，结果表明土地利用变化（双因子交互）时，滑坡敏感性概率大。基于 ArcGIS 10.2 叠加滑坡敏感性概率与土地利用变化，结果表明裸地→林地、耕地→人造用地、园地→水域、林地→水域和水域→林地等土地利用变化区域极高敏感区占比大，滑坡发生的概率大。

②基于 ArcGIS 10.2 绘制博山区人口流动强度分布，结果表明人口流动稳定区域分布广泛，人口流动适度和过度区域占比较小，多分布在博山城区附近。叠加滑坡敏感性概率与人口流动强度，结果表明人口流动过度区域极高敏感区占比最大、人口流动稳定区域极高敏感区占比最小。

③基于 ArcGIS 10.2 绘制博山区 *NDVI* 变化趋势分布和稳定性分布，结果表明 *NDVI* 变化稳定的区域分布广泛。分别叠加滑坡敏感性概率与 *NDVI* 变化趋势、*NDVI* 稳定性，结果表明 *NDVI* 年际变化剧烈的区域极高敏感区占比大，*NDVI* 变化稳定的区域极低敏感区占比大。

本章通过分析动态因子时变性同滑坡敏感性空间分布的关系，表明在土地改造、植树造林等政策实施时应注意进度安排，避免大规模、短时间的因子变化。

第 7 章　G205 乐疃—青石关段岩质滑坡稳定性分析与治理措施

危岩体是边坡处裂隙发育、存在较高滑坡风险的岩体，多位于孤立的山咀处或具有大量与边坡倾斜方向平行的裂缝的地方。随着危岩体的逐渐发育，边坡上下部均出现裂缝并不断扩展，当岩体产生蠕变和岩崩现象时，表明边坡随时可能发生滑坡。滑坡存在多种破坏模式，包括坠落式、滑移式和倾倒式。坠落式是当岩石下方缺少土体支撑或支撑能力较弱时，在重力作用下从边坡上掉落的现象。滑移式是危岩沿结构面滑移或沿软弱岩土体不利方向剪出塌落的现象。倾倒式是当岩体周围裂隙发育、与母体存在较大裂缝时，岩石以下部某点为转动中心，向坡外发生转动，最终导致滑坡的现象。本章对位于极高敏感区和高敏感区的 G205 乐疃—青石关段 12 处危险边坡进行稳定性分析，确定危岩体破坏模式，计算各边坡落石的运动轨迹并提出治理措施。

7.1　G205 乐疃—青石关段概况

G205 乐疃—青石关段位于淄博市博山区乐疃村至青石关村，根据现场调查资料，该路段共有危险边坡 12 处，如图 7.1 所示。

图 7.1　G205 乐疃—青石关段边坡分布概况

各边坡桩号如表 7.1 所示，各边坡总体特征如表 7.2 所示。

表 7.1　G205 乐疃—青石关段各边坡桩号

序号	桩号	序号	桩号	序号	桩号
1#	K643+110 ~ K643+140	5#	K645+440 ~ K645+480	9#	K647+710 ~ K647+750
2#	K643+650 ~ K643+690	6#	K645+960 ~ K646+000	10#	K648+130 ~ K648+160
3#	K644+320 ~ K644+370	7#	K646+630 ~ K646+660	11#	K648+400 ~ K648+430
4#	K644+860 ~ K644+900	8#	K646+990 ~ K647+030	12#	K649+170 ~ K649+200

表 7.2　G205 乐疃—青石关段各边坡特征

序号	边坡特征
1#	总体地势南高北低，岩体层次分明，岩性主要为灰岩，基岩裸露，坡度 60° ～ 80°，危岩发育明显，危岩区分布在高程 10 ～ 12 m 处。共发现 3 组危岩体。WYT1 高 1.2 m、宽 2.5 m、卸荷带厚 1.3 m、可能破坏模式为坠落；WYT2 高 1.5 m、宽 3.0 m、卸荷带厚 1.0 m、体积 4.5 m^3、可能破坏模式为坠落；WYT3 高 1.0 m、宽 1.25 m、卸荷带厚 2.5 m、可能破坏模式为坠落
2#	总体地势南高北低，岩体层次分明，岩性主要为灰岩，基岩裸露，坡度 60° ～ 80°，危岩发育明显，危岩区分布在高程 8 ～ 12 m 处。共发现 3 组危岩体。WYT1 高 1.0 m、宽 1.0 m、卸荷带厚 0.1 m、可能破坏模式为坠落；WYT2 高 1.39 m、宽 0.77 m、卸荷带厚 0.04 m、可能破坏模式为坠落；WYT3 高 1.39 m、宽 0.79 m、卸荷带厚 0.38 m、可能破坏模式为滑移
3#	总体地势南高北低，岩体层次分明，岩性主要为灰岩，基岩裸露，坡度 70° ～ 80°，危岩发育明显，危岩区分布在高程 8 ～ 12 m 处。共发现 3 组危岩体。WYT1 高 1.0 m、宽 1.0 m、卸荷带厚 0.1 m、可能破坏模式为坠落；WYT2 高 1.4 m、宽 0.78 m、卸荷带厚 0.05 m、可能破坏模式为坠落；WYT3 高 1.4 m、宽 0.8 m、卸荷带厚 0.4 m、可能破坏模式为滑移
4#	上部陡峭，坡度 70° 左右或近直立，下部较上部相对平缓，坡度 30° ～ 60°，边坡高约 10.5 m，长约 18.72 m。共发现 4 组危岩体。WYT1 高 1.2 m、宽 0.8 m、厚 0.65 m、距地面 5 m、可能破坏模式为坠落；WYT2 高 0.6 m、宽 0.3 m、厚 0.45 m、距地面 8.4 m、可能破坏模式为坠落；WYT3 高 1.3 m、宽 1.2 m、厚 0.86 m、距地面 8 m、可能破坏模式为坠落；WYT4 高 2.4 m、宽 1.3 m、厚 1.2 m、距地面 10.5 m、可能破坏模式为坠落
5#	边坡位于路的北侧，沿东北—西南方向展布，坡度约 80° 或近直立，属灰质岩及白云岩，危岩带基本分布于 8 ～ 12 m。共发现 3 组危岩体。WYT1 长 2.0 m、宽 1.3 m、重度 26.0 kN/m^3、危岩体质量 14.3 t、可能破坏模式为倾倒；WYT2 长 1.2 m、宽 1.0 m、重度 26.0 kN/m^3、危岩体质量 5.94 t、可能破坏模式为滑移；WYT3 长 1.8 m、宽 1.1 m、重度 26.0 kN/m^3、危岩体质量 11.31 t、可能破坏模式为滑移
6#	坡度约 60°，岩性下部为页岩夹灰岩，中部为厚层鲕状灰岩及页岩与薄层灰岩互层，上部为泥质灰岩夹薄层灰岩与页岩互层。共发现 3 组危岩体。WYT1 高 3 m、宽 1.5 m、可能破坏模式为坠落；WYT2 高 1 m、宽 2.5 m、可能破坏模式为坠落；WYT3 高 1.5 m、宽 2.5 m、可能破坏模式为坠落

续表

序号	边坡特征
7#	坡度 75° 左右或近直立，危岩体分布在边坡高 20 ～ 25 m 处，岩性为石灰岩。共发现 3 组危岩体。WYT1 高 1.60 m、宽 1.47 m、可能破坏模式为坠落；WYT2 高 1.21 m、宽 1.40 m、可能破坏模式为坠落；WYT3 高 1.10 m、宽 0.87 m、可能破坏模式为坠落
8#	坡度约 70°，岩性主要为石灰岩。共发现 3 组危岩体。WYT1 高 1.5 m、宽 1.60 m、可能破坏模式为坠落；WYT2 高 1.3 m、宽 1.1 m、可能破坏模式为坠落；WYT3 高 1.4 m、宽 1.5 m、可能破坏模式为滑移
9#	边坡陡峭，坡度约 75° 或近直立，岩性主要为纯灰岩、白云质灰岩及白云岩，属海相碳酸盐岩沉积建造。共发现 3 组危岩体。WYT1 高 0.50 m、宽 0.55 m、可能破坏模式为坠落；WYT2 高 1.10 m、宽 1.10 m、可能破坏模式为坠落；WYT3 高 1.20 m、宽 2.00 m、可能破坏模式为坠落
10#	边坡陡峭，下部坡度在 45° ～ 55°，上部坡度在 75° ～ 85°。共发现 2 组危岩体。WYT1 高 10 m、宽 6 m、可能破坏模式为滑移；WYT2 高 22 m、宽 5 m、可能破坏模式为倾倒
11#	岩体层次分明，坡度在 70° ～ 90°，上部存在较突出的岩石，中部的岩层有向外凸起形成的小平台，坡面呈层状，危岩分布在高程 15 ～ 20 m 处。共发现 3 组危岩体。WYT1 高 1 m、宽 2 m、可能破坏模式为坠落；WYT2 高 1 m、宽 2 m、可能破坏模式为坠落；WYT3 高 2.40 m、宽 1 m、可能破坏模式为坠落
12#	地形陡峭，坡度超过 60° 或近直立。共发现 3 组危岩体。WYT1 高 1 m、宽 1.1 m、可能破坏模式为坠落；WYT2 高 0.9 m、宽 0.95 m、可能破坏模式为坠落；WYT3 高 1.1 m、宽 1.1 m、可能破坏模式为坠落

7.2 边坡稳定性计算

7.2.1 计算方法

（1）计算工况

陈洪凯等和李家春等在研究危岩体稳定性时提出了 3 种荷载组合，即天然工况、暴雨工况和地震工况，各工况需考虑的因素如下：

①天然工况：自重和天然状态的裂隙水压力。

②暴雨工况：自重和暴雨状态的裂隙水压力。

③地震工况：自重、天然状态的裂隙水压力和地震作用力。

（2）计算公式

下面介绍坠落式和滑移式稳定性系数计算公式及各符号所代表的含义。

1）坠落式

坠落式是指当岩石下方缺少土体支撑或支撑能力较弱时，在重力作用下从边坡上掉落的现象。坠落式稳定性系数如式 7.1 所示。

$$F=\frac{\alpha_1(H-h)^2}{6[(G+Q_v)\alpha_0+Q_h b_0]+V[2h_w+3(H-h)]}。 \tag{7.1}$$

式中：α_0、b_0 分别为块体重心与后缘铅垂面中点的水平距离和垂直距离，α_1 为岩体抗拉强度，V 为后缘陡倾裂隙水压力，H 为危岩悬臂高度，h 为后缘裂隙深度，Q_h、Q_v 分别为水平地震荷载和垂直地震荷载，G 为危岩的重量，h_w 为后缘陡倾裂隙充水高度。

2）滑移式

滑移式是附着于母岩上的危岩体与裂隙面以一定的角度接触，在自重和渗水作用的影响下发生剪切滑移破坏的现象。滑移式稳定性系数如式 7.2 所示。

$$F=\frac{[(G+Q_v)\cos\theta-Q_h\sin\theta-V]\tan\varphi+cL}{(G+\theta_v)\sin\theta+Q_h\cos\theta}。 \tag{7.2}$$

式中：L 为滑面长度，c 为滑面黏聚力，φ 为滑面内摩擦角，θ 为面倾角，V 为滑面的裂隙贯通段水压力，其余符号意义同前。

7.2.2 参数取值

（1）取值依据

计算参数的选择主要考虑危岩体体积 V、危岩体重度 γ、黏聚力标准值 c、内摩擦角标准值 φ，主要选取依据如下：

①危岩体体积 V 可由现场勘查大致测得，危岩体重度 γ 取灰岩重度。

②根据《建筑边坡工程技术规范》（GB 50330—2002）的结构面抗剪强度指标标准值确定黏聚力 c 及内摩擦角 φ。

③根据室内岩石抗拉强度试验值（新鲜岩石），考虑危岩体的风化特点，按《岩土工程勘察规范》（GB 50021—2001）的折减要求进行折减。

④由于 G205 乐疃—青石关段地震基本烈度为Ⅶ度，地震动峰值加速度值取 0.20 g。

⑤根据《滑坡防治工程勘查规范（DZ/T 0218—2006）》确定危岩的稳定状态划分标准。

（2）参数取值

G205 乐疃—青石关段各边坡参数取值如表 7.3 至表 7.15 所示。

表 7.3　1# 边坡参数取值（1）

重度 /（kN·m^{-3}）	黏聚力标准值 /kPa		内摩擦角标准值 /（°）		抗拉强度标准值 /kPa		抗弯力矩计算系数	地震加速度 /g
	现状	暴雨	现状	暴雨	现状	暴雨		
26.00	30 000.00	24 000.00	45.00	45.00	3000.00	2400.00	0.17	0.10

表 7.4　1# 边坡参数取值（2）

危岩体编号	自重 /（kN·m^{-1}）	重心到潜在破坏面				危岩体高度 /m		后缘裂隙深度 /m	
		水平距离 /m		垂直距离 /m					
		现状	暴雨	现状	暴雨	暴雨	现状	暴雨	现状
WYT1	104.00	1.00	1.00	0.80	0.80	1.20	1.20	0.60	0.60
WYT2	117.00	1.20	1.20	0.65	0.65	1.50	1.50	0.80	0.80
WYT3	91.00	0.90	0.90	1.00	1.00	1.00	1.00	0.50	0.50

表 7.5　2# 边坡参数取值

危岩体编号		危岩体体积 /m^3	危岩体重度 /（$kN \cdot m^{-3}$）	危岩体黏聚力标准值 /kPa	危岩体内摩擦角标准值 /（°）	地震加速度 /g	危岩体高度 /m	后缘裂隙深度 /m
WYT1	现状	1.60	26.00	54.00	45.00	0.00	1.00	0.10
	暴雨	1.60	26.00	25.00	30.00	0.00	1.00	0.10
	地震	1.60	26.00	54.00	45.00	0.20	1.00	0.10
WYT2	现状	1.75	26.00	54.00	45.00	0.00	0.75	0.05
	暴雨	1.75	26.00	25.00	30.00	0.00	0.75	0.05
	地震	1.75	26.00	54.00	45.00	0.20	0.75	0.05
WYT3	现状	1.40	26.00	54.00	45.00	0.00	1.00	0.10
	暴雨	1.40	26.00	25.00	30.00	0.00	1.00	0.10
	地震	1.40	26.00	54.00	45.00	0.20	1.00	0.10

表 7.6　3# 边坡参数取值

危岩体编号		危岩体体积 /m^3	危岩体重度 /（$kN \cdot m^{-3}$）	危岩体黏聚力标准值 /kPa	危岩体内摩擦角标准值 /（°）	危岩体高度 /m	后缘裂隙深度 /m
WYT1	现状	1.60	26.00	54.00	45.00	1.00	0.10
	暴雨	1.60	26.00	25.00	30.00	1.00	0.10
	地震	1.60	26.00	54.00	45.00	1.00	0.10
WYT2	现状	1.75	26.00	54.00	45.00	0.75	0.05
	暴雨	1.75	26.00	25.00	30.00	0.75	0.05
	地震	1.75	26.00	54.00	45.00	0.75	0.05
WYT3	现状	0.40	1.80	1.60	12.00	15.00	0.10
	暴雨	0.40	1.80	1.60	9.60	12.00	0.10
	地震	0.40	1.80	1.60	12.00	15.00	0.10

表 7.7　4# 边坡参数取值

黏聚力标准值 /kPa		抗弯力矩计算系数	内摩擦角标准值 / (°)		抗拉强度标准值 /kPa		重度 / (kN · m^{-3})	
天然	暴雨		天然	暴雨	天然	暴雨	天然	饱和
4500	2385	0.17	45	30	400	320	24	24.74

表 7.8　5# 边坡参数取值

岩体完整程度	内摩擦角 / (°)	黏聚力 /kPa	变形模量和弹性模量 / (N · m^{-1})	抗拉强度 /MPa
完整	0.90 ～ 0.95	0.40	0.8	0.5
较完整	0.85 ～ 0.90	0.30	0.7	0.4
较破碎	0.80 ～ 0.85	0.20	0.6	—

表 7.9　6# 边坡参数取值

重度 / (kN · m^{-3})	黏聚力标准值 /kPa		内摩擦角标准值 / (°)		抗拉强度标准值 /kPa		抗弯力矩计算系数	地震加速度 /g
	现状	暴雨	现状	暴雨	现状	暴雨		
26.4	54 000	25 000	45	30	60	55	0.17	0.20

表 7.10　7# 边坡参数取值

危岩体编号		危岩体体积 /m^3	危岩体重度 / (kN · m^{-3})	危岩体黏聚力标准值 /kPa	危岩体内摩擦角标准值 / (°)	地震动加速度 /g	危岩体高度 /m	后缘裂隙深度 /m
WYT1	天然	2.30	26.00	10 000.00	45.00	0.00	1.20	0.80
	暴雨	2.30	26.00	8000.00	41.00	0.00	1.20	0.80
	地震	2.30	26.00	10 000.00	45.00	0.10	1.20	0.80
WYT2	天然	3.10	26.00	12 000.00	35.00	0.00	1.32	0.81
	暴雨	3.10	26.00	9600.00	30.00	0.00	1.32	0.81
	地震	3.10	26.00	12 000.00	35.00	0.10	1.32	0.81

续表

危岩体编号		危岩体体积 /m^3	危岩体重度 /（kN·m^{-3}）	危岩体黏聚力标准值 /kPa	危岩体内摩擦角标准值 /（°）	地震动加速度 /g	危岩体高度 /m	后缘裂隙深度 /m
WYT3	天然	4.30	26.00	15 000.00	40.00	0.00	1.60	0.98
	暴雨	4.30	26.00	12 000.00	34.00	0.00	1.60	0.98
	地震	4.30	26.00	15 000.00	40.00	0.10	1.60	0.98

表 7.11　8# 边坡参数取值

重度 /（kN·m^{-3}）	黏聚力标准值 /kPa		内摩擦角标准值 /（°）		抗拉强度标准值 /kPa		抗弯力矩计算系数	地震加速度 /g
	现状	暴雨	现状	暴雨	现状	暴雨		
24.00	29 000.00	23 200.00	46.00	36.80	7000.00	5600.00	0.17	0.40

表 7.12　9# 边坡参数取值

重度 /（kN·m^{-3}）	黏聚力标准值 /kPa		内摩擦角标准值 /（°）		抗拉强度标准值 /kPa		抗弯力矩计算系数	地震加速度 /g
	现状	暴雨	现状	暴雨	现状	暴雨		
24.00	29 000.00	23 200.00	46.00	36.80	4000.00	3200.00	0.17	0.40

表 7.13　10# 边坡参数取值

重度 /（kN·m^{-3}）		单轴抗拉强度 /MPa	内聚力 /MPa	内摩擦角 /（°）	
天然	饱和			WYT1	WYT2
24	26.9	7.4	3.9	45	64

表 7.14　11# 边坡参数取值

重度 /（kN·m^{-3}）	黏聚力标准值 /kPa		内摩擦角标准值 /（°）		抗拉强度标准值 kPa		抗弯力矩计算系数	地震加速度 /g
	现状	暴雨	现状	暴雨	现状	暴雨		
26.00	4000.00	4000.00	45.00	45.00	3500.00	2700.00	0.17	0.10

表 7.15　12# 边坡参数取值

岩石类型	内摩擦角 /（°）	内聚力 /MPa
白云岩	35 ～ 50	20 ～ 50
花岗岩	45 ～ 60	14 ～ 50
灰岩	35 ～ 50	10 ～ 50
页岩	15 ～ 30	3 ～ 20
砂岩	35 ～ 50	8 ～ 40

7.2.3 计算结果

危岩的稳定状态划分标准如表 7.16 所示。

表 7.16　危岩稳定状态划分标准

危岩类型	危岩稳定状态			
	不稳定	欠稳定	基本稳定	稳定
滑移式	$F < 1.0$	$1.0 \leqslant F < 1.2$	$1.2 \leqslant F < 1.3$	$F \geqslant 1.3$
倾倒式	$F < 1.0$	$1.0 \leqslant F < 1.3$	$1.3 \leqslant F < 1.5$	$F \geqslant 1.5$
坠落式	$F < 1.0$	$1.0 \leqslant F < 1.5$	$1.5 \leqslant F < 1.8$	$F \geqslant 1.8$

结合式 7.1、式 7.2 和表 7.2 至表 7.16，得到各边坡稳定性计算结果，如表 7.17 所示。

表 7.17　边坡稳定性计算结果

边坡编号	危岩体	工况	稳定性系数	稳定性状态
1#	WYT1	自然	1.73	基本稳定
		暴雨	1.38	欠稳定
		地震	1.31	欠稳定

续表

边坡编号	危岩体	工况	稳定性系数	稳定性状态
1#	WYT2	自然	1.78	基本稳定
		暴雨	1.42	欠稳定
		地震	1.46	欠稳定
	WYT3	自然	1.56	基本稳定
		暴雨	1.25	欠稳定
		地震	1.08	欠稳定
2#	WYT1	自然	1.58	基本稳定
		暴雨	0.96	不稳定
		地震	1.19	欠稳定
	WYT2	自然	1.38	欠稳定
		暴雨	0.88	不稳定
		地震	1.21	欠稳定
	WYT3	自然	1.31	稳定
		暴雨	1.00	欠稳定
		地震	1.08	欠稳定
3#	WYT1	自然	1.62	基本稳定
		暴雨	0.97	不稳定
		地震	1.25	欠稳定
	WYT2	自然	1.50	基本稳定
		暴雨	0.90	欠稳定
		地震	1.18	欠稳定
	WYT3	自然	1.28	基本稳定
		暴雨	1.00	欠稳定
		地震	1.06	欠稳定

续表

边坡编号	危岩体	工况	稳定性系数	稳定性状态
4#	WYT1	自然	96.87	稳定
		暴雨	75.17	稳定
		地震	85.47	稳定
	WYT2	自然	20.15	稳定
		暴雨	15.64	稳定
		地震	17.99	稳定
	WYT3	自然	2.92	稳定
		暴雨	2.27	稳定
		地震	1.48	欠稳定
	WYT4	自然	1.19	欠稳定
		暴雨	0.92	不稳定
		地震	0.64	不稳定
5#	WYT1	自然	1.61	稳定
		暴雨	1.25	欠稳定
		地震	0.72	不稳定
	WYT2	自然	1.47	稳定
		暴雨	1.08	欠稳定
		地震	1.02	欠稳定
	WYT3	自然	1.28	基本稳定
		暴雨	0.89	不稳定
		地震	0.78	不稳定
6#	WYT1	自然	1.97	稳定
		暴雨	1.62	基本稳定
		地震	1.55	基本稳定

续表

边坡编号	危岩体	工况	稳定性系数	稳定性状态
6#	WYT2	自然	1.77	基本稳定
		暴雨	0.94	不稳定
		地震	1.23	欠稳定
	WYT3	自然	1.11	欠稳定
		暴雨	0.78	不稳定
		地震	0.92	不稳定
7#	WYT1	自然	1.67	基本稳定
		暴雨	1.34	欠稳定
		地震	1.52	基本稳定
	WYT2	自然	1.56	基本稳定
		暴雨	1.27	欠稳定
		地震	1.41	欠稳定
	WYT3	自然	1.63	基本稳定
		暴雨	1.64	基本稳定
		地震	1.46	欠稳定
8#	WYT1	自然	1.70	基本稳定
		暴雨	1.36	欠稳定
		地震	1.38	欠稳定
	WYT2	自然	1.76	基本稳定
		暴雨	1.41	欠稳定
		地震	1.47	欠稳定
	WYT3	自然	1.44	稳定
		暴雨	1.08	欠稳定
		地震	0.91	不稳定

续表

边坡编号	危岩体	工况	稳定性系数	稳定性状态
9#	WYT1	自然	1.84	稳定
		暴雨	1.42	欠稳定
		地震	1.63	基本稳定
	WYT2	自然	1.61	基本稳定
		暴雨	1.26	欠稳定
		地震	1.46	欠稳定
	WYT3	自然	1.35	欠稳定
		暴雨	1.03	欠稳定
		地震	1.17	欠稳定
10#	WYT1	自然	1.22	基本稳定
		暴雨	0.94	不稳定
		地震	1.07	欠稳定
	WYT2	自然	1.66	稳定
		暴雨	0.96	不稳定
		地震	1.59	稳定
11#	WYT1	自然	1.37	欠稳定
		暴雨	1.19	欠稳定
		地震	1.26	欠稳定
	WYT2	自然	1.18	欠稳定
		暴雨	0.94	不稳定
		地震	1.03	欠稳定
	WYT3	自然	1.25	欠稳定
		暴雨	0.96	不稳定
		地震	1.07	欠稳定

续表

边坡编号	危岩体	工况	稳定性系数	稳定性状态
12#	WYT1	自然	1.59	基本稳定
		暴雨	1.27	欠稳定
		地震	1.28	欠稳定
	WYT2	自然	1.60	基本稳定
		暴雨	1.28	欠稳定
		地震	1.34	欠稳定
	WYT3	自然	1.73	基本稳定
		暴雨	1.39	欠稳定
		地震	1.36	欠稳定

7.3　边坡落石运动特征分析

7.3.1 RocFall 软件计算原理

边坡上的岩体在风化、降雨等因素作用下，裂缝逐渐扩展，最终从边坡上脱离。危岩体在坠落过程的最初阶段，重力势能下降，动能上升，之后由于坡面对坠落岩石的摩擦及碰撞作用，动能开始降低，直到落石动能消失，速度为 0，整个过程遵循能量守恒定律。以上过程的主要影响因素为切向恢复系数、法向恢复系数和坡面摩擦系数。

7.3.2 RocFall 软件使用流程

RocFall 软件是对落石运动轨迹进行数值模拟的软件，通过该软件能够较为直观地反映危岩体的运动状态，为边坡防护提供重要依据。具体使用流程如下：

①将边坡数据导入 RocFall 软件中，在软件中形成该边坡的坡面。

②根据实地勘测所得的数据并查询资料，确定边坡的切向恢复系数、法向恢复系数、摩擦角和坡面粗糙度。

③将上述过程中确定的系数输入到 RocFall 软件中，确定坡面基本信息。

④在 RocFall 软件中形成的坡面上选定落石的位置和数量。

⑤输入落石的水平速度、垂直速度、角速度、重量的平均值和标准偏差，最终获得落石运动轨迹。

7.3.3 材料参数

利用 RocFall 软件对落石进行数值模拟时，所需的材料参数主要包括各边坡切向恢复系数、法向恢复系数、摩擦角、坡面粗糙度等。边坡的切向恢复系数、法向恢复系数主要影响落石的运动速度，边坡的摩擦角与落石的运动方向有关，边坡的坡面粗糙度则是落石运动距离的影响因素。切向恢复系数和法向恢复系数取值如表 7.18 所示。

表 7.18　切向恢复系数和法向恢复系数取值

坡面特征	切向恢复系数	法向恢复系数
光滑硬岩面	0.88 ～ 0.98	0.25 ～ 0.75
强风化硬岩面	0.75 ～ 0.95	0.15 ～ 0.37
块石堆积坡面	0.75 ～ 0.95	0.15 ～ 0.37
密实碎石堆积、硬土坡面，植被发育且以灌木为主	0.30 ～ 0.95	0.12 ～ 0.33
密实碎石堆积、硬土坡面，无植被	0.65 ～ 0.95	0.12 ～ 0.32
松散碎石坡面、软土坡面，植被发育且以灌木为主	0.30 ～ 0.80	0.10 ～ 0.25
软土坡面且无植被	0.50 ～ 0.80	0.10 ～ 0.30

对每个边坡的危岩体选取一个剖面，利用 RocFall 软件对落石运动轨迹进行模拟计算，分析落石终点的水平位置、落石的总能量和弹跳高度，计算结果如表 7.19 至表 7.26 所示。

表 7.19　1# 边坡落石运动计算结果

边坡和危岩体		总能量包络图	弹跳高度	结果描述
1# 边坡	WYT1	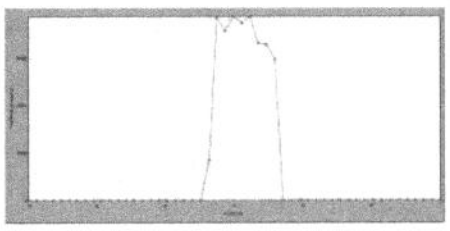	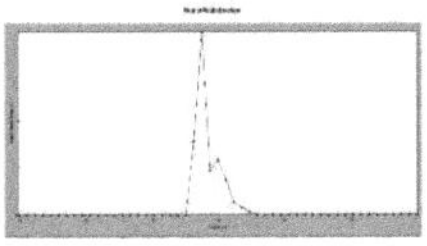	存在 2 次较大弹跳，水平位置分别在 37 m、40 m，高度分别为 2 m、0.6 m
	WYT2	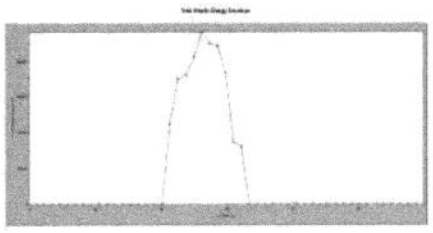	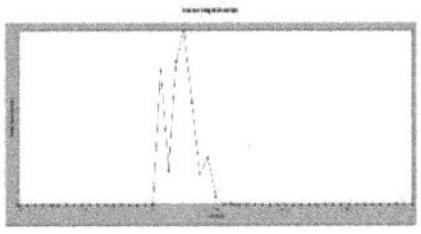	存在 3 次较大弹跳，水平位置分别在 32 m、36 m、38 m，高度分别为 1 m、1.5 m、0.3 m
	WYT3	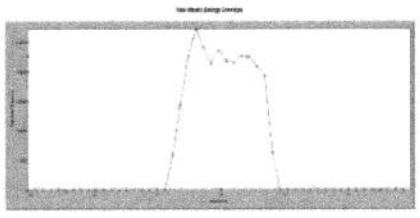	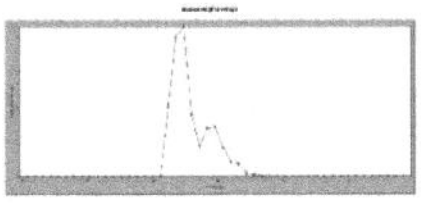	存在 2 次较大弹跳，水平位置分别在 35 m、40 m，高度分别为 2.2 m、0.6 m

表 7.20　2# 边坡落石运动计算结果

边坡和危岩体		总能量包络图	弹跳高度	结果描述
2# 边坡	WYT1	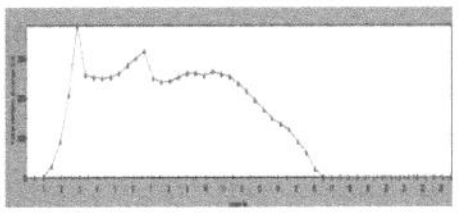	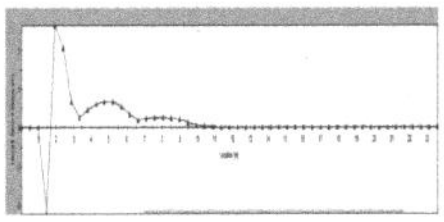	存在 3 次较大弹跳，水平位置分别在 2 m、5 m、8 m，高度分别为 2.8 m、0.8 m、0.4 m
	WYT2	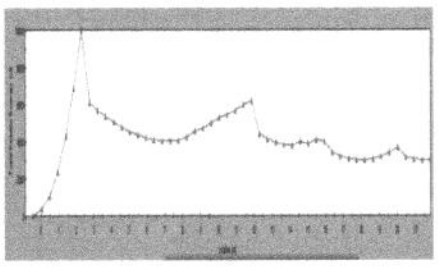	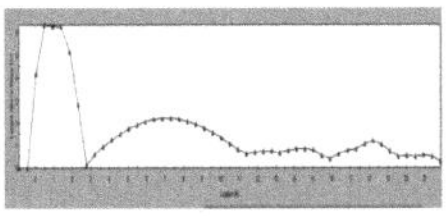	存在 4 次较大弹跳，水平位置分别在 1 m、7 m、14 m、18 m，高度分别为 6 m、2 m、1 m、1 m
	WYT3	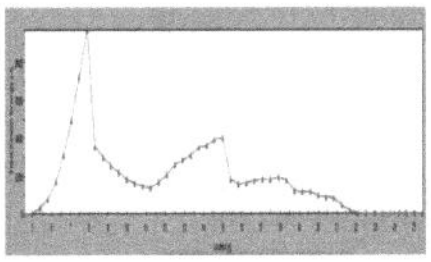	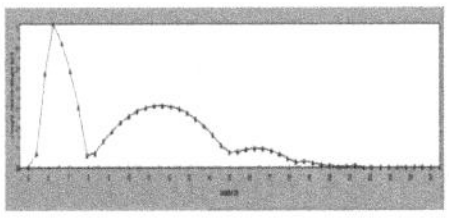	存在 3 次较大弹跳，水平位置分别在 6 m、12 m、17 m，高度分别为 7 m、3 m、1 m

表 7.21　3# 边坡落石运动计算结果

边坡和危岩体		总能量包络图	弹跳高度	结果描述
3# 边坡	WYT1	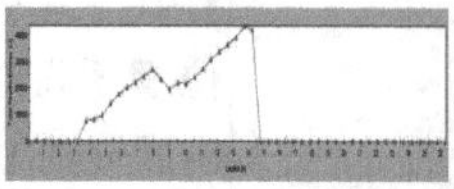	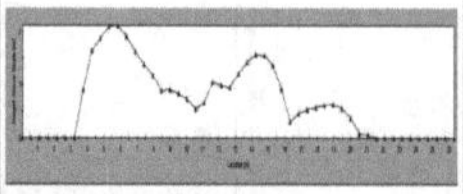	存在 3 次较大弹跳，水平位置分别在 6 m、15 m、19 m，高度分别为 2 m、1.5 m、1 m
	WYT2	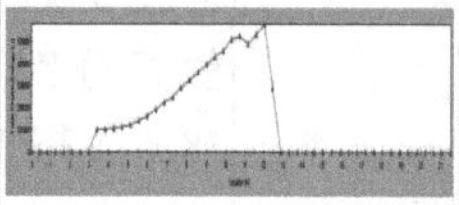	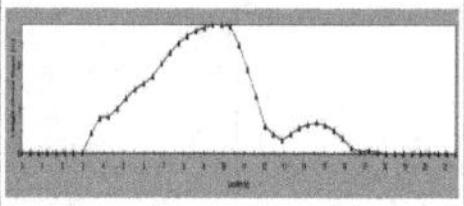	存在 2 次较大弹跳，水平位置分别在 9 m、15 m，高度分别为 3 m、1 m
	WYT3	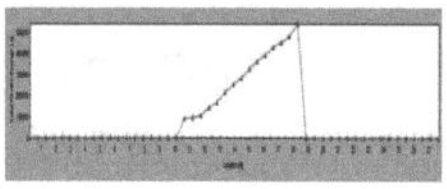	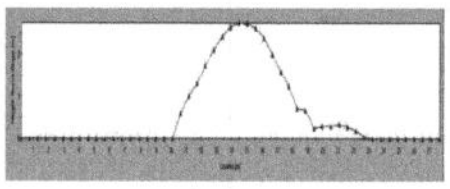	存在 2 次较大弹跳，水平位置分别在 15 m、21 m，高度分别为 3 m、0.5 m

表 7.22　5# 边坡落石运动计算结果

边坡和危岩体		总能量包络图	弹跳高度	结果描述
5# 边坡	WYT1	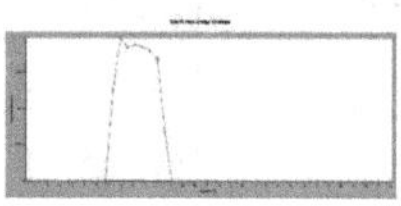	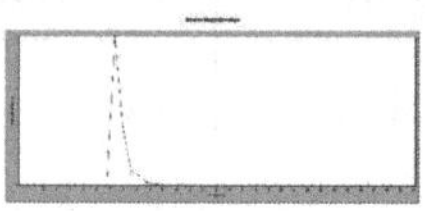	在水平位置 11 m 处发生 1 次弹跳，高度 1.6 m
	WYT2	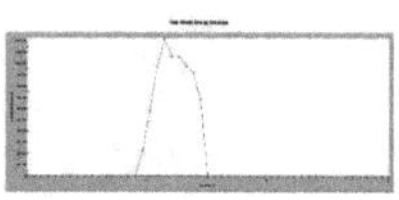	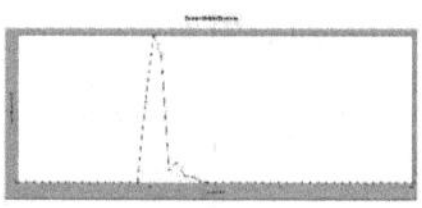	2 次弹跳分别发生在水平位置 10 m、12 m 处
	WYT3	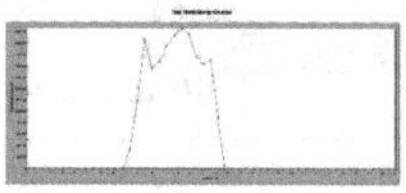	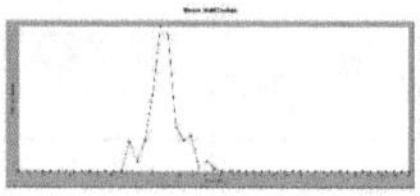	3 次弹跳分别发生在水平位置 11 m、15 m、20 m 处，高度分别为 0.5 m、1.7 m、0.5 m

表 7.23　6# 边坡落石运动计算结果

边坡和危岩体		总能量包络图	弹跳高度	结果描述
6# 边坡	WYT1	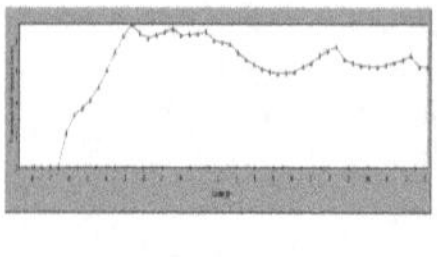	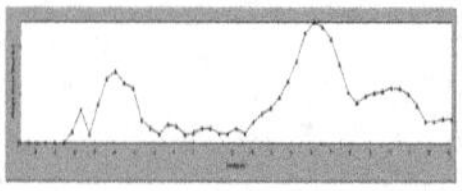	在拦石墙处弹跳高度最低，为 1 m 以下；在水平位置 6 m 处弹跳高度最高，为 1.4 m

续表

边坡和危岩体		总能量包络图	弹跳高度	结果描述
6# 边坡	WYT2	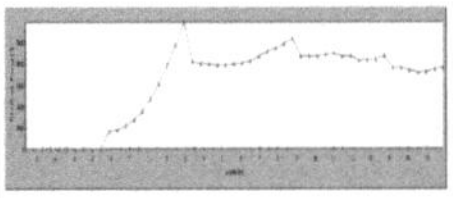	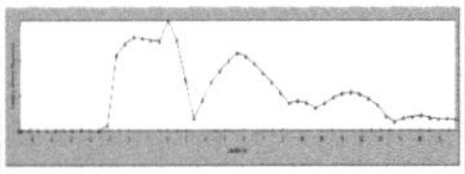	在拦石墙处达到最大弹跳值，为 2.2 m
	WYT3	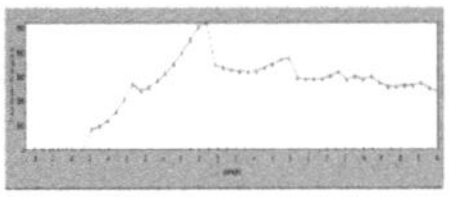	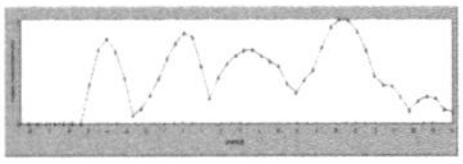	在拦石墙处弹跳高度较低，为 1 m

表 7.24　7# 边坡落石运动计算结果

边坡和危岩体		总能量包络图	弹跳高度	结果描述
7# 边坡	WYT1	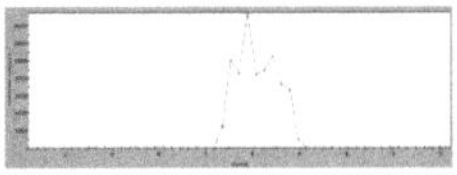	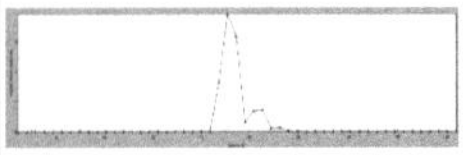	最大弹跳高度为 3.5 m
	WYT2			最大弹跳高度为 1.1 m
	WYT3			落石最大弹跳高度为 1.5 m

表 7.25　10# 边坡落石运动计算结果

边坡和危岩体		总能量包络图	弹跳高度	结果描述
10# 边坡	WYT1	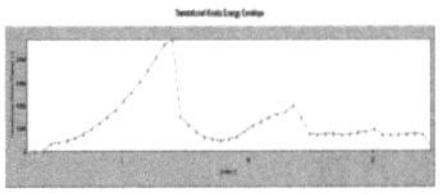	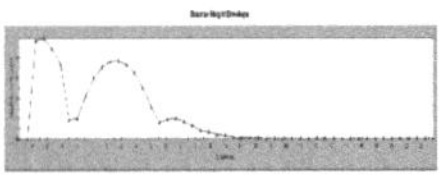	坠落终点分布在距离山体 10 ～ 16 m，产生 3 次弹跳
	WYT2	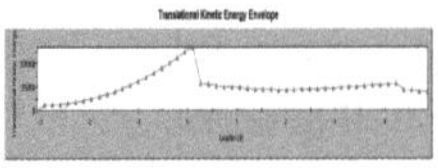	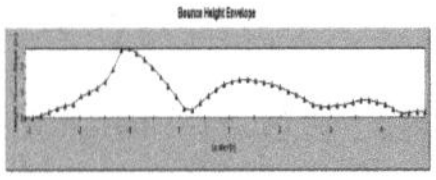	坠落终点分布在距离山体 8 ～ 12 m，产生了 3 次弹跳

表 7.26　12# 边坡落石运动计算结果

边坡和危岩体		总能量包络图	弹跳高度	结果描述
12# 边坡	WYT1	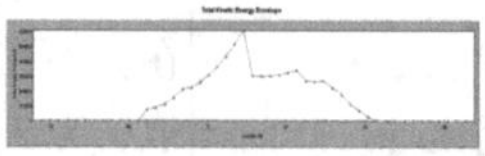	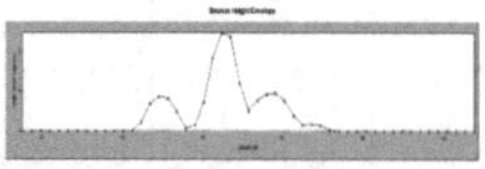	存在 3 次弹跳，最高弹跳高度为 2.3 m
	WYT2	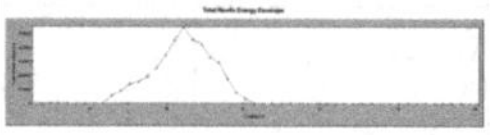	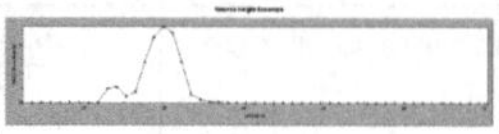	发生 2 次弹跳，最高弹跳高度为 2.6 m
	WYT3	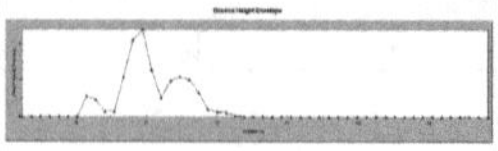	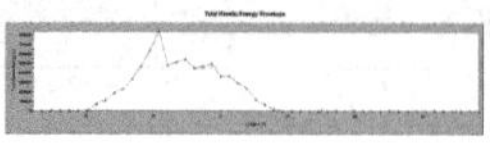	发生 3 次弹跳，最高弹跳高度为 2.3 m

以 1# 边坡 WYT1 为例，由表 7.19 可知，落石坠落的终点位置分布在距离山体 35 ～ 45 m，会对周边公路产生影响，对来往行驶的车辆造成威胁，因此需要对 1# 边坡进行防护设计。WYT1 在水平位置 40 m 处时，落石的总能量最大，为 380 kJ。落石发生 2 次较大弹跳，弹跳高度逐渐降低。2 次弹跳的水平位置分别在 37 m、40 m，高度分别为 2 m、0.6 m。

7.4　边坡防治方案

根据危岩体破坏特征、落石运动特征和稳定性分析结果，对各边坡制定了 2 套防治方案，通过对比 2 套方案的防治效果、造价和工程量分别确定了优选方案和备选方案，如表 7.27 所示。

表 7.27　边坡防治方案

序号	方案	方案设计	方案比选
1#	方案一：桩板式拦石墙 + 被动防护网	钢筋总重 51 140.16 kg，C20 混凝土 345.6 m^3，挖土方 164.16 m^3，被动防护网 211.6 m^2	方案一安全性高，但工程成本也高；方案二使用寿命长，但安全性低。因此，方案一为优选方案，方案二为备选方案
	方案二：石笼挡墙	10% 铝锌合金绿格网 1049.6 m^2，加筋丝 2230.4 m，螺旋形组合丝 1115.2 m，填石 131.2 m^3	

续表

序号	方案	方案设计	方案比选
2#	方案一：重力挡土墙	石墙采用 M10 砂浆砌筑，块石强度不低于 MU30	方案一安全性高，但工程成本也高；方案二使用寿命长，但安全性低。因此，方案一为优选方案，方案二为备选方案
	方案二：被动网	被动防护网型号为 RXI-200 型，网高 6.0 m	
3#	方案一：主动网+锚杆	主动网采用 S250 型 SPIDER 绞索网，总面积约为 52.5 m^2	方案一对边坡落石的防治更加有效，且比方案二更加经济。因此，方案一为优选方案，方案二为备选方案
	方案二：被动网	采用 RXI-200 型防护网，网高 3 m，总面积约为 219 m^2	
4#	方案一：桩板拦石墙	共设计抗滑桩 5 根、挡土墙 4 块、缓冲层 4 块，抗滑桩+拦石墙总体积为 28.8+21=49.8 m^3；单根抗滑桩钢筋用量 1186.01 kg，单块挡土墙钢筋用量 310.35 kg；缓冲层有效厚度为 0.6 m，高 3 m，面坡坡率 1 ∶ 0.3，采用素土袋装码砌，土料采用现场挖桩土料，缓冲层外表面采用 20 cm 厚的 M10 浆砌片石护面，缓冲层需土方 28.8 m^3，缓冲层护面面积 14 m^2，需 30 cm × 40 cm 的浆砌片石 117 片	方案一工程成本高于方案二，但从防护效果角度考虑，方案一为优选方案，方案二为备选方案
	方案二：被动网	被动网 1 拟设在 4# 边坡坡脚处，全段长 24 m；被动网 2 拟设在 4# 边坡中部，全段长 16 m，2 段被动网的高度都是 3 m。采用 RXI-200 型被动网。其中，被动网 1 需钢丝绳网 72 m^2、8 根钢柱、6 根钢绳锚杆；被动网 2 需钢丝绳网 48 m^2、6 根钢柱、6 根钢绳锚杆	

续表

序号	方案	方案设计	方案比选
5#	方案一：石笼挡墙＋被动网	所需被动网 197.1 m^2，石笼 120 个，镀锌绿格网面积 816 m^2，碎石量为 144 m^3	方案一工程难度和工程成本均低于方案二。因此，方案一为优选方案，方案二为备选方案
	方案二：喷浆＋锚杆	挂网 158.4 m^2，锚杆总长 288 m，重量达 720 kg，喷浆 15.84 m^3	
6#	方案一：桩板拦石墙	桩板拦石墙方案所用钢筋总重 555.321 kg，所用 C30 混凝土 6.45 m^3，C20 混凝土 7.5 m^3，挖土方 3.66 m^3	方案一安全性高，但工程成本也高；方案二使用寿命长，但安全性低。因此，方案一为优选方案，方案二为备选方案
	方案二：锚喷支护体系	锚杆采用 Φ28HRB335 普通钢筋，外面应包裹防水材料，采用 32.5R 普通硅酸盐水泥进行配置	
7#	方案一：锚杆＋锚喷	采用直径 60 mm，长度 8 m 的锚杆；铺设钢筋网片，喷射强度为 C15 的混凝土，厚 0.1 m；设置伸缩缝，每间隔 10 m 设伸缩缝，缝宽 0.02 m	预估方案一使用锚杆＋锚喷防治需要资金 57 610 元；方案二使用主动网防治需要资金 65 400 元。方案一为优选方案
	方案二：主动网	采用 480 m^2 主动网，8.4 m^3 混凝土，1.55 t Φ32 螺纹钢筋	
8#	方案一：重力式挡土墙	采用混凝土时强度等级不应低于 C20，采用石料时应选用 MU30 以上的块石或者条石	方案一安全性高，但工程成本也高；方案二使用寿命长，但安全性低。因此，方案一为优选方案，方案二为备选方案
	方案二：主动网	利用主动网和锚杆对 8# 边坡进行防护，主动防护网采用 S250 型 SPIDER 绞索网，总面积约为 52.5 m^2	
9#	重力式拦石墙＋被动网	采用混凝土时强度等级不应低于 C20，采用石料时应选用 MU30 以上的块石或者条石。防护网采用 RXI–200 型防护网，网高 3 m，总面积约为 219 m^2	—

续表

序号	方案	方案设计	方案比选
10#	方案一：石笼挡墙 + 主动网	共使用石笼数量 126 个，主动网面积 320 m^2	方案一安全性高，维修成本低，使用寿命长，因此，方案一为优选方案，方案二为备选方案
	方案二：被动网 + 锚杆	被动网面积 770 m^2，A32 螺纹钢筋 82.03 kg，A28 螺纹钢筋 63.79 kg，钢垫板 2 套	
11#	方案一：桩板拦石墙	缓冲层厚度为 2.5 m，顶部宽度为 1.5 m，面坡坡率 1 ∶ 0.3，采用素土袋装码砌，土料采用现场挖桩土料。缓冲层外表面设置 30 cm 厚的 M10 浆砌片石护面	方案一安全性高，但工程成本也高；方案二使用寿命长，但安全性低。因此，方案一为优选方案，方案二为备选方案
	方案二：主动网	危岩体面积 6.4 m^2 左右，设计防护网面积 10 ～ 12 m^2，每间隔 0.5 m 使用系统锚杆对主动网进行加固	
12#	方案一：被动网 + 桩板拦石墙	缓冲层厚度为 2.5 m，顶部宽度为 1.9 m，面坡坡率 1 ∶ 0.3，采用素土袋装码砌，土料采用现场挖桩土料。缓冲层外表面设置 30 cm 厚的 M10 浆砌片石护面。3 处挡土墙总工程量：钢筋 47 608.71 kg、混凝土 398.61 m^3 、挖土方 63.75 m^3	2 种方案均能起到很好的防护作用且总成本相差不大，但方案一施工简单且维护成本低，使用寿命长，因此，方案一为优选方案，方案二为备选方案
	方案二：主动网 + 锚杆	3 处危岩体均采用 4 m×4 m 的 GPS2 型主动防护网，且在危岩体上方均打有加强锚杆	

7.5　结论

调查了 G205 乐疃—青石关段 12 处边坡，分析了各边坡特征，制作了边坡危岩体发育图、边坡 3D 曲面图和边坡平面图；确定了各边坡参数取值，开展了边坡稳定性分析，计算了边坡稳定性系数；对每个边坡的危岩体选取一个剖面，利用 RocFall 软件对落石运动轨迹进行模拟计算，分析了落石终点的水平位置、落石的总能量和弹跳高度；根据危岩体破坏特征、落石运动特征和稳定性分析结果，对各边坡制定了 2 套防治方案，通过对比防治效果、造价和工程量分别确定了优选方案和备选方案。

第 8 章　结论与展望

8.1　结论

为开展考虑动态因子时变性的滑坡敏感性评价，本书将 13 类致灾因子分为静态致灾因子和动态致灾因子，构建静态致灾因子 + 动态致灾因子 2021 年实测值、静态致灾因子 + 动态致灾因子各年实测值、静态致灾因子 + 动态致灾因子年际变化值 3 种评价因子组合，输入 5 种机器学习模型并比较模型精度和评价结果，选取最合理的滑坡敏感性概率分布用于分析动态致灾因子变化同滑坡敏感性空间分布的规律，探讨动态因子时变性对滑坡敏感性评价结果的影响。

①使用信息量法量化 3 种因子组合。结果表明：①博山区高程处于 769 ～ 1066 m、坡度＞ 36.5463° 、坡向为东南、平面曲率＞ 1.6259、岩性为泥岩和页岩夹石灰岩、断层距离处于 0 ～ 791.53 m、*TWI* 处于 13.4504 ～ 16.6960、*STI* 处于 61.5125 ～ 101.0528、河流距离处于 0 ～ 214.9345 m、道路距离处于 0 ～ 206.8845 m 的区域最易发生滑坡。② *NDVI* 值越接近 0，滑坡发生的概率越大；园地区域最易发生滑坡，耕地区域最不易发生滑坡；滑坡发生的概率随人口密度的减小而增加。③土地利用发生变化、*NDVI* 值降低、人口密度过增和过减会提高滑坡发生的概率，在 *NDVI* 值和人口密度维持不变的区域不易发生滑坡。

②基于 3 种评价因子组合构建 RF 模型、LR 模型、SVM 模型、Stacking 集成模型和 CNN 模型，使用 RF-RFE 验证评价因子组合的合理性。结果表明，当评价因子数量为 13 时，RF 模型 *OA* 值最高，其中静态致灾因子 + 动态致灾因子年际变化值的因子组合下 RF 模型精度最高（*OA*=0.8732）。

③使用 AUC 值比较模型精度，基于 3 种因子组合下 5 种模型对博山区滑

坡敏感性进行评价并验证评价结果精度。结果表明：a. 静态致灾因子 + 动态致灾因子年际变化值的评价因子组合 AUC 值和验证精度最高，其次为静态致灾因子 + 动态致灾因子各年实测值的因子组合。② CNN 模型的 AUC 值和验证精度最高，其次为 Stacking 集成模型。

④以因子组合 3 下的 CNN 模型为基准模型，对比不同模型和不同评价因子组合在博山区滑坡敏感性评价上的差异。结果表明：a. 不同评价因子组合同一模型下的博山区滑坡敏感性评价结果差异明显，基于因子组合 1、组合 2 下 CNN 模型的滑坡敏感性评价极端分类倾向强，易产生过高估计和过低估计等错误估计区域，较基准模型高估了高程的作用，低估了河流距离的作用。b. 同一因子组合下不同模型的滑坡敏感性评价结果差异较小，Stacking 集成模型评价结果更接近基准模型评价结果，较基准模型弱化了道路距离的作用，高估了断层距离的作用。

⑤基于地理探测器和 ArcGIS 10.2 叠加功能分析动态因子时变性同滑坡敏感性空间分布的关系。结果表明：a. 博山区土地利用对滑坡敏感性的 q 值整体呈下降趋势，博山区土地利用结构和空间分布的合理性逐年上升。b. 土地利用变化提高了滑坡敏感性概率，其中裸地→林地、耕地→人造用地、园地→水域、林地→水域和水域→林地等土地利用变化区域极高敏感性占比大，滑坡发生的概率大。c. 极高敏感区占比随人口流动强度的加强而增加，随 *NDVI* 稳定程度的加强而降低。在土地改造、植树造林等政策实施时应注意进度安排，不要破坏已有的稳定地质环境，避免大规模、短时间的因子变化。

⑥制作了位于极高敏感区和高敏感区的 G205 乐疃—青石关段 12 处危险边坡危岩体发育图、边坡 3D 曲面图和边坡平面图；利用 RocFall 软件对落石运动轨迹进行模拟计算，分析了落石终点的水平位置、落石的总能量和弹跳高度；对各边坡制定了 2 套防治方案，通过对比防治效果、造价和工程量分别确定了优选方案与备选方案。

8.2 创新点

①首次构建了静态致灾因子 + 动态致灾因子 2021 年实测值、静态致灾因

子 + 动态致灾因子各年实测值和静态致灾因子 + 动态致灾因子年际变化值 3 种评价因子组合，用于 5 种机器学习模型。

②使用地理探测器和统计方法分析博山区动态因子变化同滑坡敏感性空间分布的关系，提取动态致灾因子的变化信息并分析其对滑坡敏感性的影响。

参考文献

[1] ABEDINI M, GHASEMYAN B, MOGADDAM M H R. Landslide susceptibility mapping in Bijar city, Kurdistan Province, Iran: a comparative study by logistic regression and AHP models[J]. Environmental earth sciences,2017,76(8):1- 14.

[2] ABHIK S, KUMAR G V V, ASHUTOSH B. Development and assessment of GIS-Based landslide susceptibility mapping models using ANN, Fuzzy-AHP, and MCDA in Darjeeling Himalayas, west Bengal, India[J]. Land, 2022,11(10):1711-1737.

[3] ACHOUR Y, BOUMEZBEUR A, HADJI R, et al. Landslide susceptibility mapping using analytic hierarchy process and information value methods along a highway road section in Constantine, Algeria[J]. Arabian journal of geosciences,2017,10(8):194-209.

[4] ACHU A L, THOMAS J, AJU C D, et al. Redefining landslide susceptibility under extreme rainfall events using deep learning[J]. Geomorphology,2024(448):109033.

[5] ADITIAN A, KUBOTA T, SHINOHARA Y. Comparison of GIS-based landslide susceptibility models using frequency ratio, logistic regression, and artificial neural network in a tertiary region of Ambon, Indonesia[J]. Geomorphology, 2018(318):101-111.

[6] ALBERTO M M, JUAN B A, SIMON A, et al. Deforestation controls landlside susceptibility in Far-Western Nepal[J]. Catena,2022(219):106627.

[7] ALTHUWAYNEE O F, PRADHAN B, PARK H J, et al. A novel ensemble bivariate statistical evidential belief function with knowledge-based analytical hierarchy process and multivariate statistical logistic regression for landslide

susceptibility mapping[J]. Catena,2014(114):21–36.

[8] AMBROSI C, STROZZI T, SCAPOZZA C, et al. Landslide hazard assessment in the Himalayas (Nepal and Bhutan) based on Earth–Observation data[J]. Engineering geology,2018(237):217–228.

[9] ANIYA M. Landlside–susceptibility mapping in Amahata river basin, Japan[J]. Annals of the association of American geographers,1985,75(1):102–114.

[10] ARMAS I, VARTOLOMEI F, STROIA F, et al. Landslide susceptibility deterministic approach using geographic information systems: application to Breaza town, Romania[J]. Natural hazards,2014,70(2):995–1017.

[11] ASDAR, ARSYAD U, SOMA A S, et al. Analysis of the landslides vulnerability level using frequency ratio method in Tangka Watershed[J]. Earth and environmental science,2021(870):012013.

[12] BARIK M G, ADAM J C, BARBER M E, et al. Improved landslide susceptibility prediction for sustainable forest management in an altered climate[J]. Engineering geology,2017(230):104–117.

[13] BERHANE G, KEBEDE M, ALFARAH N, et al. Landslide susceptibility zonation mapping using GIS–based frequency ratio model with multi–class spatial data–sets in the Adwa–Adigrat mountain chains, northern Ethiopia[J]. Journal of African earth sciences,2020(164):103795.

[14] BOLLMANN S, KRISTENSEN M H, LARSEN M S, et al. SHARQnet–Sophisticated harmonic artifact reduction in quantitative susceptibility mapping using a deep convolutional neural network[J]. Zeitschrift für medizinische physik,2019,29(2): 139–149.

[15] BOURENANE H, MEZIANI A A, BENAMAR D A. Application of GIS–based statistical modeling for landslide susceptibility mapping in the city of Azazga, northern Algeria[J]. Bulletin of engineering geology and the environment, 2021,80(10):7333–7359.

[16] BRAGAGNOLO L, SILVA R V, GRZYBOWSK J M V. Artificial neural network ensembles applied to the mapping of landslide susceptibility[J].

Catena,2020(184):104240.

[17] BRAGAGNOLO L, SILVA R V, GRZYBOWSK J M V. Landslide susceptibility mapping with r.landslide: a free open-source GIS-integrated tool based on artificial neural networks[J]. Environmental modelling & software,2020(123): 104565.

[18] BUI D T, PRADHAN B, LOFMAN O, et al. Landslide susceptibility assessment in the Hoa Binh province of Vietnam: a comparison of the Levenberg-Marquardt and Bayesian regularized neural networks[J]. Geomorphology,2012(171- 172):12-29.

[19] BUI D T, TSANGARATOS P, NGUYEN V T, et al. Comparing the prediction performance of a deep learning neural network model with conventional machine learning models in landslide susceptibility assessment[J]. Catena, 2020(188):104426.

[20] CALISKAN A, YUKSEL M E, BADEM H, et al. Performance improvement of deep neural network classifiers by a simple training strategy[J]. Engineering applications of artificial intelligence,2018(67):14-23.

[21] CAPRARIO J, FINOTTI A R. Socio-technological tool for mapping susceptibility to urban flooding[J]. Journal of hydrology,2019(574):1152-1163.

[22] CHAPI K, SINGH V P, SHIRZADI A, et al. A novel hybrid artificial intelligence approach for flood susceptibility assessment[J]. Environmental modelling & software,2017(95):229-245.

[23] CHEN W, PENG J B, HONG H Y, et al. Landslide susceptibility modelling using GIS-based machine learning techniques for Chongren County, Jiangxi Province, China[J]. Science of the total environment,2018(626):1121- 1135.

[24] CHEN W, XIE X S, PENG J B, et al. GIS-based landslide susceptibility evaluation using a novel hybrid integration approach of bivariate statistical based random forest method[J]. Catena,2018(164):135-149.

[25] CHOWDHURI I, PAL S C, CHAKRABORTTY R. Flood susceptibility mapping by ensemble evidential belief function and binomial logistic regression model on

river basin of eastern India[J]. Advances in space research,2020,65(5): 1466-1489.

[26] CIURLEO M, CASCINI L, CALVELLO M. A comparison of statistical and deterministic methods for shallow landslide susceptibility zoning in clayey soils[J]. Engineering geology,2017(223):71-81.

[27] CIURLEO M, FERLISI S, FORESTA V, et al. Landslide susceptibility analysis by applying TRIGRS to a reliable geotechnical slope model[J]. Geosciences,2022,12(1):18-29.

[28] CONFORTI M, IETTO F. Modeling shallow landslide susceptibility and assessment of the relative importance of predisposing factors, through a GIS-Based statistical analysis[J]. Geosciences,2021,11(8):333.

[29] DAS I, STEIN A, KERLE N, et al. Landslide susceptibility mapping along road corridors in the Indian himalayas using bayesian logistic regression models[J]. Geomorphology,2012(179):116-125.

[30] DOGWILER B. Identifying the stream erosion potential of cave levels in carter cave state resort park, kentucky, USA[J]. Journal of geographic information system,2011,3(4):323-333.

[31] DU G L, ZHANG Y S, JAVED I, et al. Landslide susceptibility mapping using an integrated model of information value method and logistic regression in the Bailongjiang watershed, Gansu Province, China[J]. Journal of mountain science,2017,14(2):249-268.

[32] EBID A H I, ALI Z T, GHOBARY M A F. Blood pressure control in hypertensive patients: impact of an Egyptian pharmaceutical care model[J]. Journal of applied pharmaceutical science,2014,4(9):93-101.

[33] FADHILLAH M F, HAKIM W L, PANAHI M, et al. Mapping of landslide potential in Pyeongchang-gun, south Korea, using machine learning meta-based optimization algorithms[J]. The egyptian journal of remote sensing and space science,2022, 25(2):463-472.

[34] FAN X, ROSSITER D G, WESTEN C V, et al. Empirical prediction

of coseismic landslide dam formation[J]. Earth surface processes & landforms,2015,39(14):1913–1926.

[35] FANG Z, WANG Y, PENG L, et al. Integration of convolutional neural network and conventional machine learning classifiers for landslide susceptibility mapping[J]. Computers & geosciences,2020(139):104470.

[36] FENG H, MIAO Z, HU Q. Study on the uncertainty of machine learning model for earthquake–induced landslide susceptibility assessment[J]. Remote sensing,2022,14(13):2968–2981.

[37] FENG Z M, HUANG D M, LI Z A, et al. Probabilistic analysis of wheel loader failure under rockfall conditions based on bayesian network[J]. Mathematical problems in engineering,2021(2021):1–16.

[38] GARIANO S L, GUZZETTI F. Landslides in a changing climate[J]. Earth–science reviews,2016(162):227–252.

[39] GLADE T. Landslide occurrence as a response to land use change: a review of evidence from New Zealand[J]. Catena,2003(51):297–314.

[40] GRABS T, SEIBERT J, BISHOP K, et al. Modeling spatial patterns of saturated areas: a comparison of the topographic wetness index and a dynamic distributed model[J]. Journal of hydrology,2009,373(1–2):15–23.

[41] GRANITTO P M, FURLANELLO C, BIASIOLI F, et al. Recursive feature elimination with random forest for PTR–MS analysis of agroindustrial products[J]. Chemometrics & intelligent laboratory systems,2006,83(2):83–90.

[42] GU T, LI J, WANG M, et al. Landslide susceptibility assessment in Zhenxiong County of China based on geographically weighted logistic regression model[J]. Geocarto international,2021(9):1–21.

[43] GUNADI D, JAYA I, TJAHJONO B. Spatial modeling in landslide susceptibility[J]. Indonesian journal of electrical engineering and computer science,2017,5(1):139–146.

[44] GUZZETTI F, CARDINALI M, REICHENBACH P. The influence of structural setting and lithology on landslide type and pattern[J]. Environmental & engineering

geoscience,1996,2(4):531–555.

[45] HONG H, LIU J, BUI D T, et al. Landslide susceptibility mapping using J48 decision tree with AdaBoost, bagging and rotation forest ensembles in the Guangchang area (China)[J]. Catena,2018(163):399–413.

[46] HU Q, ZHOU Y, WANG S X, et al. Machine learning and fractal theory models for landslide susceptibility mapping: case study from the Jinsha river basin[J]. Geomorphology,2020(351):106975.

[47] HU X, HUANG C, MEI H, et al. Landslide susceptibility mapping using an ensemble model of Bagging scheme and random subspace–based nave Bayes tree in Zigui County of the Three Gorges reservoir area, China[J]. Bulletin of engineering geology and the environment,2021,80(7):5315–5329.

[48] HU Y C, ZHANG W Q, TOMINAC P, et al. ADAM: a web platform for graph–based modeling and optimization of supply chains[J]. Computers & chemical engineering,2022(165):107911.

[49] HUANG F, CAO Z, JIANG S H, et al. Landslide susceptibility prediction based on a semi–supervised multiple–layer perceptron model[J]. Landslides, 2020,17(12):2919–2930.

[50] HUSSAIN M A, CHEN Z, KALSOOM I, et al. Landslide susceptibility mapping using machine learning algorithm: a case study along karakoram highway (KKH), Pakistan[J]. Journal of the Indian society of remote sensing, 2022(50):849–866.

[51] ICHISUGI Y. Integration of sparse–coding model and baysian network model of cerebral cortex[J]. Neuroscience research,2010,68(1):e210.

[52] JUDE O, HASLINDA N, FATEN N, et al. High–resolution lidar–derived DEM for landslide susceptibility assessment using AHP and fuzzy logic in serdang, Malaysia[J]. Geosciences,2023,13(2):34–54.

[53] JUNGMANN M, KOPAL M, CLAUSER C, et al. Multi–class supervised classification of electrical borehole wall images using texture features[J]. Computers & geosciences,2011,37(4):541–553.

[54] KALANTAR B, UEDA N, SAEIDI V, et al. Landslide susceptibility mapping:

machine and ensemble learning based on remote sensing big data[J]. Remote sensing,2020,12(11):1737-1759.

[55] KHALAJ S, TOROODY F B, ABAEI M M, et al. A methodology for uncertainty analysis of landslides triggered by an earthquake[J]. Computers and geotechnics, 2020(117): 103262.

[56] KIEN N T, LIEN V T H, LINH P L H, et al. Landslide susceptibility mapping based on the combination of bivariate statistics and modified analytic hierarchy process methods: a case study of Tinh Tuc Town, Nguyen Binh District, Cao Bang Province, Vietnam[J]. Journal of disaster study,2021,16(4):521-528.

[57] KIM H, LEE J H, PARK H J, et al. Assessment of temporal probability for rainfall-induced landslides based on nonstationary extreme value analysis[J]. Engineering geology, 2021(294):106372.

[58] KHANNA K, MARTHA T R, ROY P, et al. Effect of time and space partitioning strategies of samples on regional landslide susceptibility modelling[J]. Landslides,2021,8(6):2281-2294.

[59] KNEVELS R, PETSCHKO H, PROSKE H, et al. Event-based landslide modeling in the Styrian Basin, Austria: accounting for time-varying rainfall and land cover[J]. Geosciences,2020,10(6):217-243.

[60] KOENDERINK J J, DOORN A. Surface shape and curvature scales[J]. Image and vision computing, 1993,10(8):557- 564.

[61] KRIZHEVSKY A, SUTSKEVER I, HINTON G. ImageNet classification with deep convolutional neural networks[J]. Communications of the ACM,2017,60(6):84-90.

[62] KUMAR D, THAKUR M, DUBEY C S, et al. Landslide susceptibility mapping & prediction using support vector machine for Mandakini river basin, Garhwal Himalaya, India[J]. Geomorphology,2017(295):115-125.

[63] LEE S, MIN K. Statistical analysis of landslide susceptibility at Yongin, Korea[J]. Environmental geology, 2001, 40(9):1095-1113.

[64] LI J, PANG Z, KONG Y, et al. An integrated magnetotelluric and gamma exploration of groundwater in fractured granite for small-scale freshwater supply:

a case study from the Boshan region, Shandong Province, China[J]. Environmental earth sciences,2017,76(4):163–174.

[65] LI J, WANG W, CHEN G, et al. Spatiotemporal evaluation of landslide susceptibility in southern Sichuan, China using SA–DBN, PSO–DBN and SSA–DBN models compared with DBN model[J]. Advances in space study,2022, 69(8):3071–3087.

[66] LI M, ZHANG R, LIU K F. A new marine disaster assessment model combining bayesian network with information diffusion[J]. Journal of marine science and engineering,2021,9(6):640.

[67] LI T T, ZHOU Y Z, ZHAO Y, et al. A hierarchical object oriented Bayesian network–based fault diagnosis method for building energy systems[J]. Applied energy,2022,306(B):118088.

[68] LIN Q G, LIMA P, STEGER S, et al. National–scale data–driven rainfall induced landslide susceptibility mapping for China by accounting for incomplete landslide data[J]. Geoscience frontiers,2021(12):101248.

[69] MA X Y, ZHANG S L, SUN J L, et al. A TFA–CNN method for quantitative analysis in infrared spectroscopy[J]. Infrared physics and technology,2022(126):104329.

[70] MANDAL K, SAHA S, MANDAL S. Applying deep learning and benchmark machine learning algorithms for landslide susceptibility modelling in Rorachu river basin of Sikkim Himalaya, India[J]. Geoscience frontiers,2021,12(5): 101203.

[71] MICHALOWSKI R L, PARK D. Stability assessment of slopes in rock governed by the Hoek–Brown strength criterion[J]. International journal of rock mechanics and mining sciences,2020(127):104217.

[72] MILICH L, WEISS E. GAC NDVI interannual coefficient of variation (CoV) images: ground truth sampling of the Sahel along north–south transects[J]. International journal of remote sensing,2000,21(2):235–260.

[73] MUKHAMMADZODA S, SHOHNAVAZ F, ILHOMJON O, et al. Application of frequency ratio method for landslide susceptibility mapping in the Surkhob Valley,

Tajikistan[J]. Journal of geoscience and environment protection, 2021,9(12):168–189.

[74] NSEKA D, KAKEMBO V, BAMUTAZE Y, et al. Analysis of topographic parameters underpinning landslide occurrence in Kigezi highlands of southwestern Uganda[J]. Natural hazards,2019, 99(2):973–989.

[75] NSENGIYUMVA J B, LUO G, AMANAMBU A C, et al. Comparing probabilistic and statistical methods in landslide susceptibility modeling in Rwanda/Centre–Eastern Africa[J]. The science of the total environment,2019,659(1): 1457–1472.

[76] OH H J, PRADHAN B. Application of a neuro–fuzzy model to landslide–susceptibility mapping for shallow landslides in a tropical hilly area[J]. Computers & geosciences,2011,37(9):1264–1276.

[77] OZDEMIR A, ALTURAL T. A comparative study of frequency ratio, weights of evidence and logistic regression methods for landslide susceptibility mapping: Sultan Mountains, SW Turkey[J]. Journal of Asian earth sciences, 2013(64):180–197.

[78] PALAU R M., HÜRLIMANN M, BERENGUER M, et al. Influence of the mapping unit for regional landslide early warning systems: comparison between pixels and polygons in Catalonia (NE Spain)[J]. Landslides,2022(17):2067–2083.

[79] PHAM B T, PRAKASH I, SINGH S K, et al. Landslide susceptibility modeling using reduced error pruning trees and different ensemble techniques: hybrid machine learning approaches[J]. Catena,2019(175):203–218.

[80] PHAM Q B, PAL S C, CHAKRABORTTY R, et al. Predicting landslide susceptibility based on decision tree machine learning models under climate and land use changes[J]. Geocarto international, 2021(1):1–20.

[81] POTTER C S, RANDERSON J T, FIELD C B, et al. Terrestrial ecosystem production: a process model based on global satellite and surface data[J]. Global biogeochemical cycles,1993,7(4):811–841.

[82] POURGHASEMI H R, JIRANDEH A G, PRADHAN B, et al. Landslide susceptibility mapping using support vector machine and GIS at the Golestan

province, Iran[J]. Journal of earth system science,2013,122(2):349–369.

[83] POURGHASEMI H R, ROSSI M. Landslide susceptibility modeling in a landslide prone area in Mazandarn Province, north of Iran: a comparison between GLM, GAM, MARS, and M–AHP methods[J]. Theoretical & applied climatology,2017,130(1–2):1–25.

[84] PRADHAN B. Manifestation of an advanced fuzzy logic model coupled with Geo–information techniques to landslide susceptibility mapping and their comparison with logistic regression modelling[J]. Environmental and ecological statistics,2011,18(3):471–493.

[85] QIU D, NIU R, ZHAO Y, et al. Risk zoning of earthquake–induced landslides based on slope units: a case study on Lushan earthquake[J]. Journal of Jilin university, 2015,45(5):1470–1478.

[86] RAPHAEL K, HELENE P, HERWIG P, et al. Assessing uncertainties in landslide susceptibility predictions in a changing environment (Styrian Basin, Austria)[J]. Natural hazards and earth system sciences,2023,23(1):205–229.

[87] SAHA S, SAHA A, HEMBRAM K T, et al. Evaluating the performance of individual and novel ensemble of machine learning and statistical models for landslide susceptibility sssessment at Rudraprayag district of Garhwal Himalaya[J]. Applied sciences,2020,10(11):3772–3801.

[88] SAMEEN M I, PRADHAN B, LEE S. Application of convolutional neural networks featuring Bayesian optimization for landslide susceptibility assessment[J]. Catena,2020(186):104249.

[89] SARKAR S, ROY A K, RAHA P. Deterministic approach for susceptibility assessment of shallow debris slide in the Darjeeling Himalayas, India[J]. Catena,2016(142):36–46.

[90] SHOJAEEZADEH S A, NIKOO M R, MIRCHI A, et al. Probabilistic hazard assessment of contaminated sediment in rivers[J]. Science of the total environment,2020(703):134875.

[91] SHU H E, ABUDIKEYIMU X, MENG H U, et al. Evaluation on landslide

susceptibility based on self-organizing feature map network and random forest model: a case study of Dayu County of Jiangxi Province[J]. The Chinese journal of geological hazard and control,2022,33(1):132–140.

[92] SOMA A S, KUBOTA T. The performance of land use change causative factor on landslide susceptibility map in upper ujung-loe watersheds south sulawesi, Indonesia[J]. Geoplanning: journal of geomatics and planning,2017,4(2): 157–170.

[93] SONG Y Q, GONG J H, GAO S, et al. Susceptibility assessment of earthquake-induced landslides using Bayesian network: a case study in Beichuan, China[J]. Computers & geosciences,2012(42):189–199.

[94] SUNDARAMOORTHY A S, VALLURU J, HUANG B. Bayesian network approach to process data reconciliation with state uncertainties and recycle streams[J]. Chemical engineering science,2021(246):116996.

[95] SUN D L, XU J H, WEN H J, et al. An optimized random forest model and its generalization ability in landslide susceptibility mapping: application in two areas of Three Gorges reservoir, China[J]. Journal of earth science, 2020,31(6):1068–1086.

[96] TANYU B F, ABBASPOUR A, ALIMOHAMMADLOU Y, et al. Landslide susceptibility analyses using Random Forest, C4.5, and C5.0 with balanced and unbalanced datasets[J]. Catena,2021(203):105355.

[97] TSOPELA R. Hydromechanical reactivation of natural discontinuities: mesoscale experimental observations and DEM modeling[J]. Acta geotechnica: an international journal for geoengineering,2019,14(5):1585–1603.

[98] WACHAL D J, PAUL F. Mapping landslide susceptibility in Travis County, Texas, USA[J]. Geojournal,2000,51(3): 245–253.

[99] WANG G R, LEI X X, CHEN W, et al. Hybrid computational intelligence methods for landslide susceptibility mapping[J]. Symmetry,2020(12):325.

[100] WANG Q, LI W, CHEN W, et al. GIS-based evaluation of landslide susceptibility using certainty factor and index of entropy models for the Qianyang County of Baoji city, China[J]. Journal of earth system science,2015,124(7):

1399–1415.

[101] WANG X, HUANG F, FAN X, et al. Landslide susceptibility modeling based on remote sensing data and data mining techniques[J]. Environmental earth sciences,2022,81(2):1–19.

[102] WANG X C, REN H J, GUO X X. A novel discrete firefly algorithm for Bayesian network structure learning[J]. Knowledge–based systems,2022(242):108426.

[103] WANG Y, FANG Z, HONG H. Comparison of convolutional neural networks for landslide susceptibility mapping in Yanshan County, China[J]. Science of the total environment,2019(666):975–993.

[104] WEI R, YE C, SUI T, et al. Combining spatial response features and machine learning classifiers for landslide susceptibility mapping[J]. International journal of applied earth observation and geoinformation,2022(107): 102681.

[105] XIE X, PANG S, CHEN J. Hybrid recommendation model based on deep learning and Stacking integration strategy[J]. Intelligent data analysis,2020,24(6):1329–1344.

[106] XIONG H, MA C, LI M, et al. Landslide susceptibility prediction considering land use change and human activity: a case study under rapid urban expansion and afforestation in China[J]. The science of the total environment, 2023(866):161430.

[107] YANG J, WAN Z, BORJIGIN S, et al. Changing trends of NDVI and their responses to climatic variation in different types of grassland in Inner Mongolia from 1982 to 2011[J]. Sustainability,2019,11(12):1–12.

[108] YANG Z J, QIAO J P. Entropy weight–based hazard degree evaluation of typical landslide[J]. Journal of natural disasters,2009,18(4):31–36.

[109] YAO J, QIN S, QIAO S, et al. Application of a two–step sampling strategy based on deep neural network for landslide susceptibility mapping[J]. Bulletin of engineering geology and the environment,2022,81(4):1–20.

[110] YE C M, WEI R L, GE Y G, et al. GIS–based spatial prediction of landslide using road factors and random forest for Sichuan–Tibet Highway[J]. Journal of

mountain science,2022,19(2):461–476.

[111] YESILNACAR E, TOPAL T. Landslide susceptibility mapping: a comparison of logistic regression and neural networks methods in a medium scale study, Hendek region (Türkiye)[J]. Engineering geology,2005,79(3–4):251– 266.

[112] YILMAZ I. Landslide susceptibility mapping using frequency ratio, logistic regression, artificial neural networks and their comparison: a case study from Kat landslides (Tokat–Türkiye) [J]. Computers & geosciences, 2009,35(6):1125–1138.

[113] YIN C. Hazard evaluation and regionalization of highway flood disasters in China[J]. Natural hazards, 2020(200):535–550.

[114] YIN C, LI H R, CHE F, et al. Susceptibility mapping and zoning of highway landslide disasters in China[J]. PLoS ONE,2020,15(9):e0235780.

[115] YOUSSEF A M, PRADHAN B, DIKSHIT A, et al. Landslide susceptibility mapping using CNN–1D and 2D deep learning algorithms: comparison of their performance at Asir Region, KSA[J]. Bulletin of engineering geology and the environment,2022,81(4):165–186.

[116] YU X, XIA Y, ZHOU J, et al. Landslide susceptibility mapping based on multitemporal remote sensing image change detection and multiexponential band math[J]. Sustainability,2023,15(3):2226–2254.

[117] ZÊZERE J L, PEREIRA S, MELO R, et al. Mapping landslide susceptibility using data–driven methods[J]. Science of the total environment,2017(589):250–267.

[118] ZHANG G P, JING X U, BI B G. Relations of landslide and debris flow hazards to environmental factors[J]. Chinese journal of applied ecology,2009,20(3):653–661.

[119] ZHANG L, SHI B, ZHU H, et al. PSO–SVM–based deep displacement prediction of Majiagou landslide considering the deformation hysteresis effect[J]. Landslides,2021,18(1):179–193.

[120] ZHANG S, LI C, ZHANG L M, et al. Quantification of human vulnerability to earthquake–induced landslides using Bayesian network[J]. Engineering geology,2020(265):105436.

[121] ZHANG T Y, MAO Z A, WANG T. GIS-based evaluation of landslide susceptibility using a novel hybrid computational intelligence model on different mapping units[J]. Journal of mountain science,2020,17(12):2929- 2941.

[122] ZHANG X X, NIU X J. Probabilistic tsunami hazard assessment and its application to southeast coast of Hainan Island from Manila Trench[J]. Coastal engineering,2019(155):103596.

[123] ZHAO Y, WANG R, JIANG Y J, et al. GIS-based logistic regression for rainfall-induced landslide susceptibility mapping under different grid sizes in Yueqing, Southeastern China[J]. Engineering geology,2019(259):105147.

[124] ZHENG Q, YANG M, YANG J, et al. Improvement of generalization ability of deep CNN via implicit regularization in two-stage training process[J]. IEEE access,2018(6):15844-15869.

[125] ZHENG Y, XIE Y Z, LONG X J. A comprehensive review of Bayesian statistics in natural hazards engineering[J]. Natural hazards,2021(108):63-91.

[126] ZHOU Y S, LI X, FAIYUEN K. Holistic risk assessment of container shipping service based on Bayesian Network Modelling[J]. Reliability engineering & system safety,2022(220):108305.

[127] ZHU X Y, XU S H, ZHU J J, et al. Study on the contamination of fracture - karst water in Boshan District, China[J]. Ground water,1997,35(3):538-545.

[128] 陈明，蔡英桦，王晓迪，等 . 强震区滑坡活动强度的演变及敏感性评价 [J]. 水土保持通报，2019，39（1）：239-243，325.

[129] 陈洪凯，王蓉，唐红梅 . 危岩研究现状及趋势综述 [J]. 重庆交通大学学报（自然科学版），2003，22（3）：18-22.

[130] 陈健 . 地缘环境单元划分方法研究 [D]. 郑州：解放军信息工程大学，2015.

[131] 陈娟，宋帅，史雅娟，等 . 富硒农业生产基地土壤硒资源空间分布特征及评价 [J]. 环境化学，2015，34（12）：2185-2190.

[132] 陈涛，钟子颖，牛瑞卿，等 . 利用深度信念网络进行滑坡易发性评价 [J]. 武汉大学学报（信息科学版），2020，45（11）：1809-1817.

[133] 陈战军，杨静，宋庆华 . 鲁中山区城市水生态文明建设模式探讨 [J]. 中国水利，2017（16）：34–36.

[134] 丁厚钢 . 淄博市周村区地下水质评价分析 [J]. 地下水，2021，43（6）：70–71.

[135] 房用，杜宁，王淑军，等 . 山东石灰岩山地植被结构与演变 [J]. 林业科学研究，2007，20（6）：826–834.

[136] 奉国和 .SVM 分类核函数及参数选择比较 [J]. 计算机工程与应用，2011，47（3）：123–124，128.

[137] 高留喜，杨晓霞，郜庆国，等 . 支持向量机方法在山东山洪地质灾害预报中的应用试验 [J]. 气象科技，2007，35（5）：642–645.

[138] 郭小莹，肖天贵 . 川东北地区滑坡易发性区划及气象预警模型研究 [J]. 成都信息工程大学学报，2019，34（6）：625–631.

[139] 贺倩，汪明，刘凯 . 基于 Logistic 回归和 MCMC 方法评价地震滑坡敏感性 [J]. 水土保持研究，2022，29（3）：396–403，410.

[140] 胡安龙，王孔伟，邓华锋，等 . 基于贝叶斯的滑坡稳定性预测对比分析研究 [J]. 灾害学，2016，31（3）：202–206.

[141] 黄健敏，赵国红，廖芸婧，等 . 基于 Logistic 回归的降雨诱发区域地质灾害易发性区划及预报模型建立：以安徽歙县为例 [J]. 中国地质灾害与防治学报，2016，27（3）：98–105.

[142] 黄润秋，裴向军，崔圣华 . 大光包滑坡滑带岩体碎裂特征及其形成机制研究 [J]. 岩石力学与工程学报，2016，35（1）：1–15.

[143] 姜川，曲宝杰，董强，等 . 基于 GIS 的淄博市地质灾害预警预报系统建设 [J]. 山东国土资源，2014，30（3）：89– 91.

[144] 李传生，祁晓凡，王雨山，等 . 我国北方典型岩溶地下水位对降水及气象指数的响应特征：以鲁中地区为例 [J]. 中国岩溶，2019，38（5）：643–652.

[145] 李家春，宋宗昌，侯少梁，等 . 北斗高精度定位技术在边坡变形监测中的应用 [J]. 中国地质灾害与防治学报，2020，31（1）：70–78.

[146] 李密，杨涛，胡世鹏，等 . 淄博市博山区近 50 年气候变化特征分析 [J].

现代农业科技，2016（8）：213-215.
[147] 龙玉洁，李为乐，黄润秋，等.汶川地震震后10a绵远河流域滑坡遥感自动提取与演化趋势分析[J].武汉大学学报(信息科学版),2020,45(11):1792-1800.
[148] 罗路广，裴向军，黄润秋，等.GIS支持下CF与Logistic回归模型耦合的九寨沟景区滑坡易发性评价[J].工程地质学报，2021，29（2）：526-535.
[149] 马思远，许冲，王涛，等.应用2类Newmark简易模型进行2008年汶川地震滑坡评估[J].地震地质，2019，41（3）：774-788.
[150] 毛华锐，孙小飞，周颖智.基于频率比：投影寻踪模型的渝东北三峡库区滑坡敏感性制图[J].科学技术与工程，2020，22（5）：1803-1813.
[151] 毛伊敏，张茂省，程秀娟，等.基于不确定贝叶斯分类技术的滑坡危险性评价[J].中国矿业大学学报，2015，44（4）：769-774.
[152] 潘金花.基于Inter.iamb-Tabu混合算法的贝叶斯网络效果评价及在高脂血症相关因素研究中的应用[D].太原：山西医科大学，2019.
[153] 乔建平，吴彩燕，田宏岭.长江三峡库区云阳—巫山段斜坡坡度对滑坡的贡献率[J].山地学报，2007，25（2）：207-211.
[154] 盛明强，刘梓轩，张晓晴，等.基于频率比联接法和支持向量机的滑坡易发性预测[J].科学技术与工程，2021，21（25）：10620-10628.
[155] 宋盛渊，吴峰，白皓，等.基于区间数：集对分析理论的库岸滑坡易发性评价[J].东北大学学报（自然科学版），2022，43（2）：251-257.
[156] 宋伟梅.基于连续贝叶斯网络的尿酸相关因素应用研究[D].太原：山西医科大学，2020.
[157] 孙强，史清明.基于GIS的城市地震灾害风险区划研究：以淄博市为例[J].四川地震，2020（175）：19-24.
[158] 谭龙，陈冠，王思源，等.逻辑回归与支持向量机模型在滑坡敏感性评价中的应用[J].工程地质学报，2014，22（1）：56-63.
[159] 陶舒，胡德勇，赵文吉，等.基于信息量与逻辑回归模型的次生滑坡灾害敏感性评价：以汶川县北部为例[J].地理研究，2010，29（7）：1594-

1605.

[160] 田原 . 基于多因子统计模型的滑坡危险性区划方法研究 [D]. 北京：北京大学，2010.

[161] 吴彩燕，乔建平 . 三峡库区云阳—巫山段坡向因素对滑坡发育的贡献率研究 [J]. 四川大学学报（工程科学版），2005，37（4）：25–29.

[162] 汪朝，郭进平，王李管 . 采空区危险性的支持向量机识别 [J]. 重庆大学学报，2015，38（4）：85–90.

[163] 王凤艳，赵明宇，王明常，等 . 无人机摄影测量在矿山地质环境调查中的应用 [J]. 吉林大学学报（地球科学版），2020，50（3）：866–874.

[164] 汪华斌，吴树仁，汪稔 . 长江三峡库区滑坡灾害危险性评价 [J]. 长江流域资源与环境，1998，7（2）：91–97.

[165] 王劲峰，徐成东 . 地理探测器：原理与展望 [J]. 地理学报，2017，72（1）：116–134.

[166] 王念秦，郭有金，刘铁铭，等 . 基于支持向量机模型的滑坡危险性评价 [J]. 科学技术与工程，2019，19（35）：70– 78.

[167] 王同悦，郑晓辉 . 淄博市淄川区地质灾害防治及建议 [J]. 山东国土资源，2010，26（6）：58–60.

[168] 王卫东，刘攀，龚陆 . 基于支持向量机模型的四川省滑坡灾害易发性区划 [J]. 铁道科学与工程学报，2019，16（5）：1194–1200.

[169] 王卫东，宋中玲，柳红 . 山东博山 50 年暴雨变化特征分析 [J]. 安徽农业科学，2015，43（21）：229–231.

[170] 王毅，方志策，牛瑞卿 . 融合深度神经网络的三峡库区滑坡灾害易发性预测 [J]. 资源环境与工程，2021，35（5）：652–660.

[171] 王英杰，王磊，荣起国，等 . 基于通径分析与可拓学的公路泥石流危险性评价 [J]. 吉林大学学报（工学版），2014，44（3）：895– 900.

[172] 吴爽爽 . 水位大变幅条件下呷爬滑坡变形演化特征与预测预警方法研究 [D]. 北京：中国地质大学，2022.

[173] 吴耀国，沈照理，钟佐，等 . 淄博孝妇河流域孔隙水硫酸盐污染特征及其形成 [J]. 环境污染与防治，2000，22（6）：36–39.

[174] 许湘华 . 用 Logistic 回归模型编制滑坡灾害敏感性区划图的方法研究 [J]. 铁道科学与工程学报，2010，7（5）：87–91.

[175] 燕建龙，徐张建，王朝阳，等 . 证据理论在滑坡危险性评价中的应用研究 [J]. 地下空间与工程学报，2015，11（2）：519–523.

[176] 杨城，林广发，张明锋，等 . 基于 DEM 的福建省土质滑坡敏感性评价 [J]. 地球信息科学学报，2016，18（12）：1624–1633.

[177] 杨莲，石宝峰 . 基于 Focal Loss 修正交叉熵损失函数的信用风险评价模型及实证 [J]. 中国管理科学，2022，30（5）：65–75.

[178] 叶润青，李士垚，郭飞，等 . 基于 RS 和 GIS 的三峡库区滑坡易发程度与土地利用变化的关系研究 [J]. 工程地质学报，2021，29（3）：724–733.

[179] 战静华，王明珠，闫朋飞，等 . 邹平市南部山区富水地段水文地质特征浅析 [J]. 山东国土资源，2021，37（11）：52–59.

[180] 张建强，范建容，胡凯衡 . 汶川地震前后崩塌和滑坡分布特征与敏感性对比分析 [J]. 水土保持通报，2012，32（3）：208–210，276，301.

[181] 张俊，殷坤龙，王佳佳，等 . 三峡库区万州区滑坡灾害易发性评价研究 [J]. 岩石力学与工程学报，2016，35（2）：284–296.

[182] 张蕾，齐伟，杜腾飞，等 . 基于熵权法的土地多功能利用评价——以淄博市为例 [J]. 江苏农业科学，2020，48（3）：31–36.

[183] 张丽君，江思宏 . 区域性滑坡敏感性评价的数据驱动权重模型及应用 [J]. 水文地质工程地质，2004，31（6）：33–36.

[184] 张玘恺，凌斯祥，李晓宁，等 . 九寨沟县滑坡灾害易发性快速评估模型对比研究 [J]. 岩石力学与工程学报，2020，39（8）：1595–1610.

[185] 张文，白世彪，王建 . 基于专家经验值的滑坡易发性评价——以四川平武高坪铺库区为例 [J]. 地质灾害与环境保护，2010，21（4）：20–23，37.

[186] 张越，宋炜炜 . 基于 BP 神经网络和决策树的昆明市东川区滑坡空间易发性评价 [J]. 国土与自然资源研究，2023（2）：67–70.

[187] 赵华应 . 基于遥感数据的区域滑坡动态危险性分析——以兴隆镇幅为例 [D]. 西安：长安大学，2020.

[188] 周超，常鸣，徐璐，等 . 贵州省典型城镇矿山地质灾害风险评价 [J]. 武汉大学学报（信息科学版）2020，45（11）：1782–1791.

[189] 周飞燕，金林鹏，董军 . 卷积神经网络研究综述 [J]. 计算机学报，2017，40（6）：1229–1251.

[190] 朱虎明，李佩，焦李成，等 . 深度神经网络并行化研究综述 [J]. 计算机学报，2018，41（8）：1861–1881.

[191] 邹军华，段晔鑫，任传伦，等 . 基于噪声初始化，Adam-Nesterov 方法和准双曲动量方法的对抗样本生成方法 [J]. 电子学报，2022，50（1）：207–216.

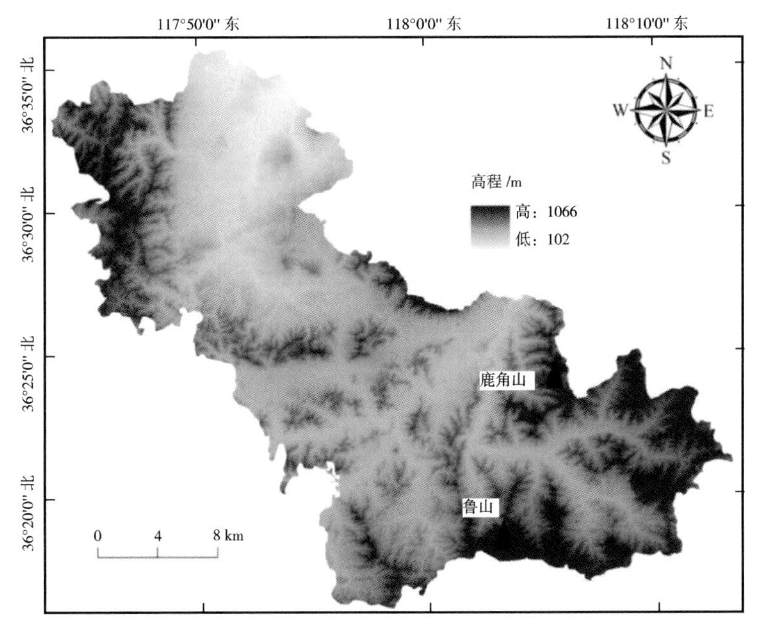

图 2.2　博山区高程分布

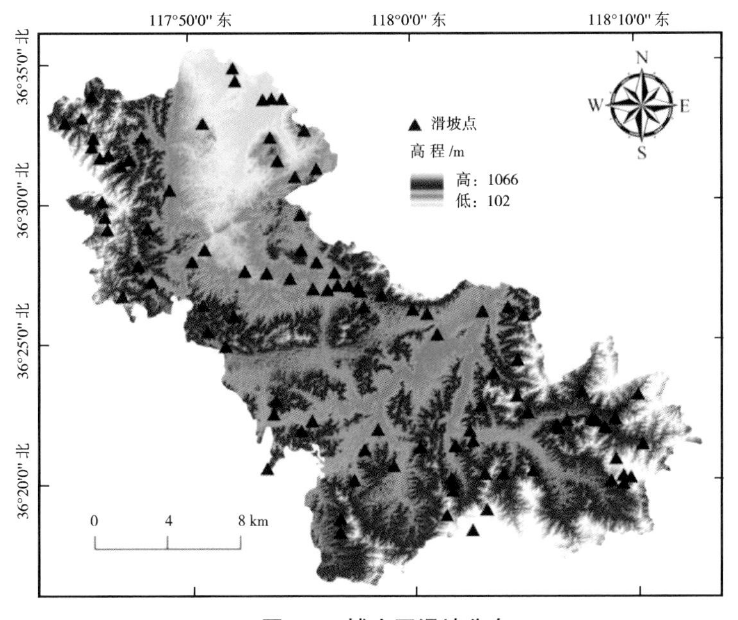

图 2.7　博山区滑坡分布

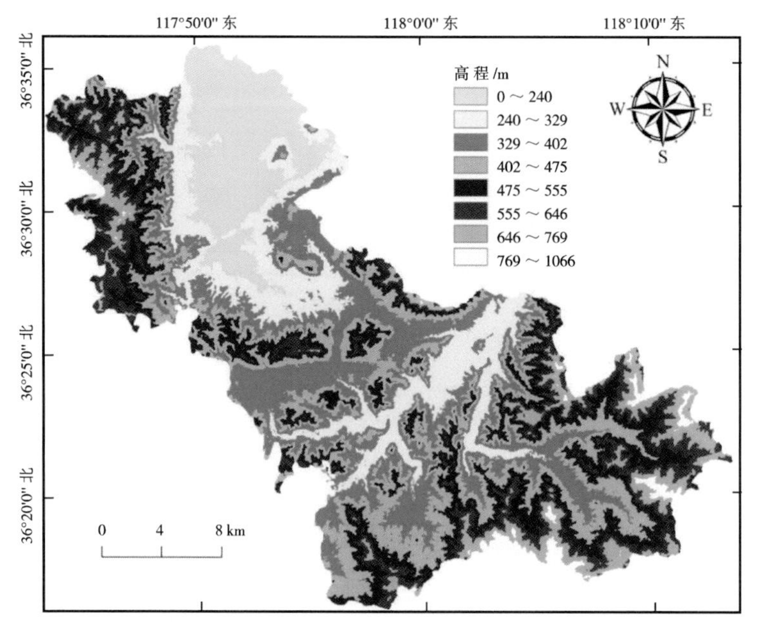

图 2.8　高程分级

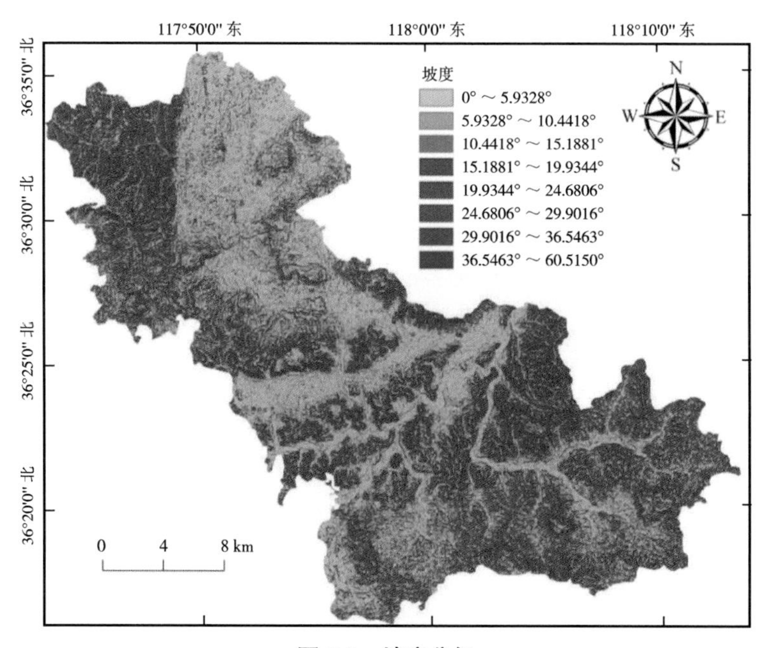

图 2.9　坡度分级

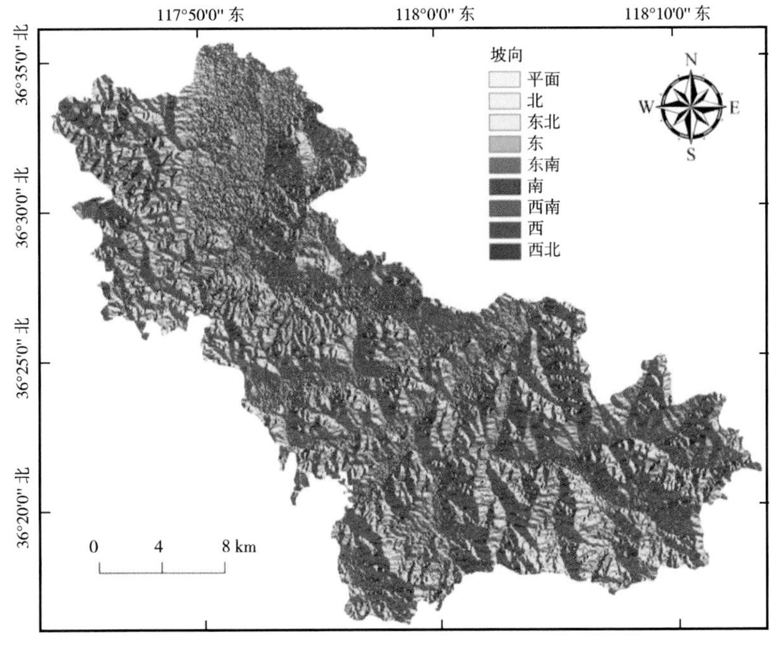

图 2.10　坡向分级

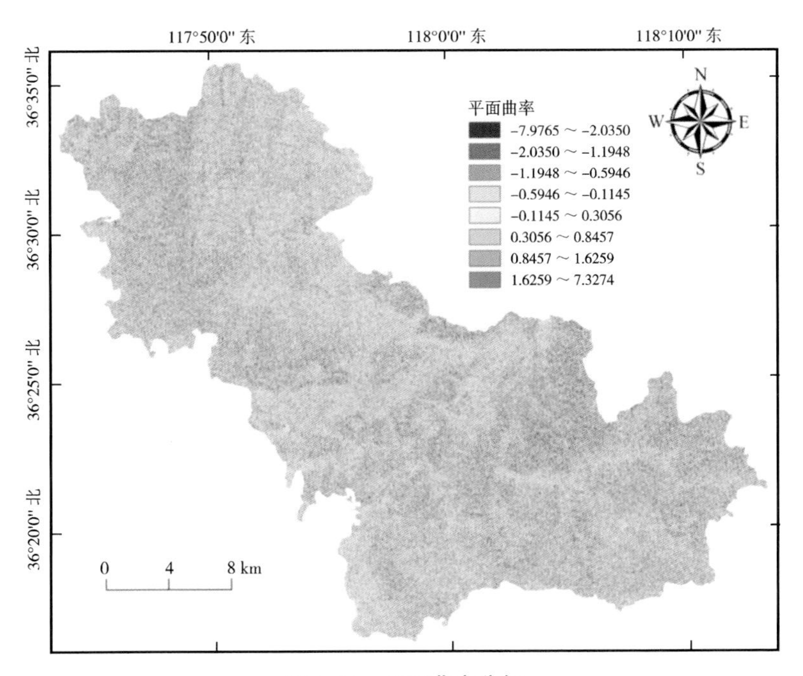

图 2.11　平面曲率分级

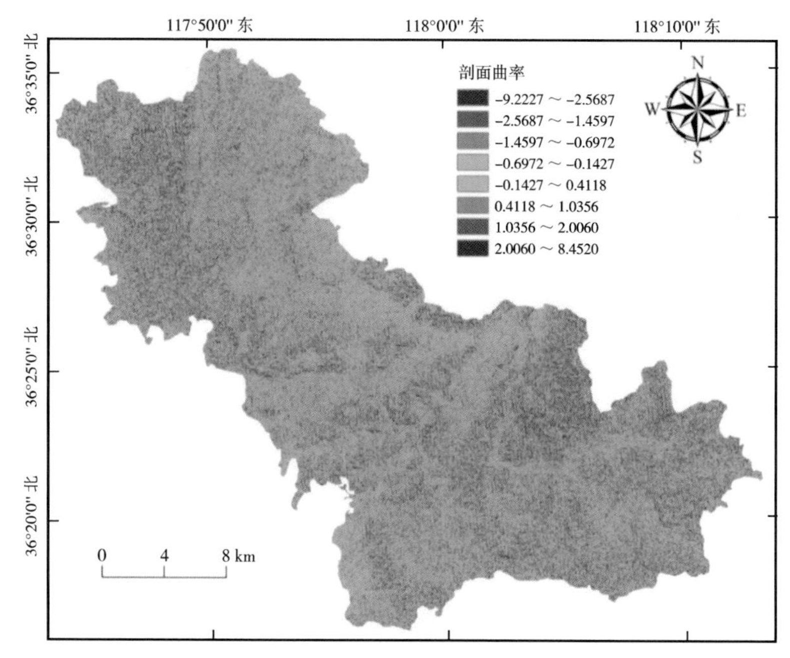

图 2.12　剖面曲率分级

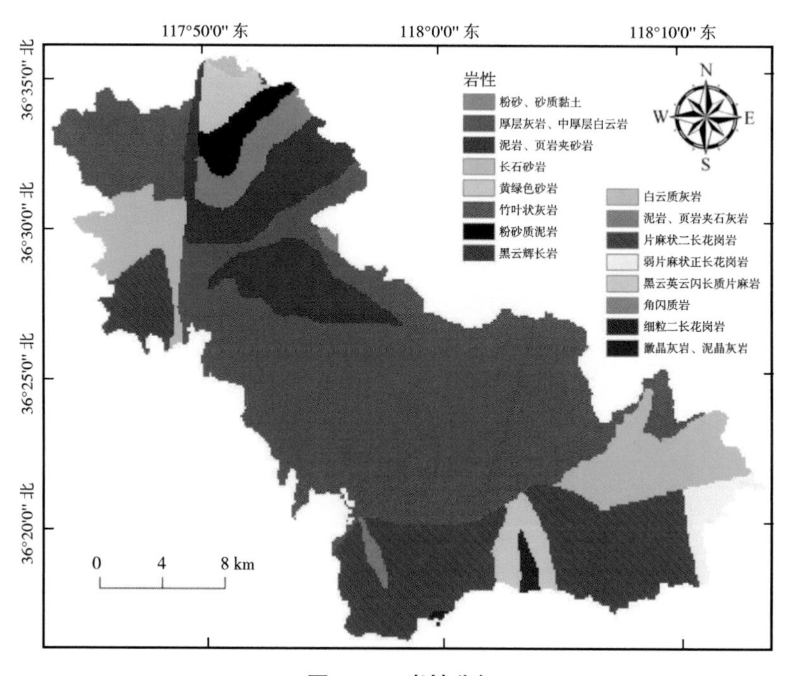

图 2.13　岩性分级

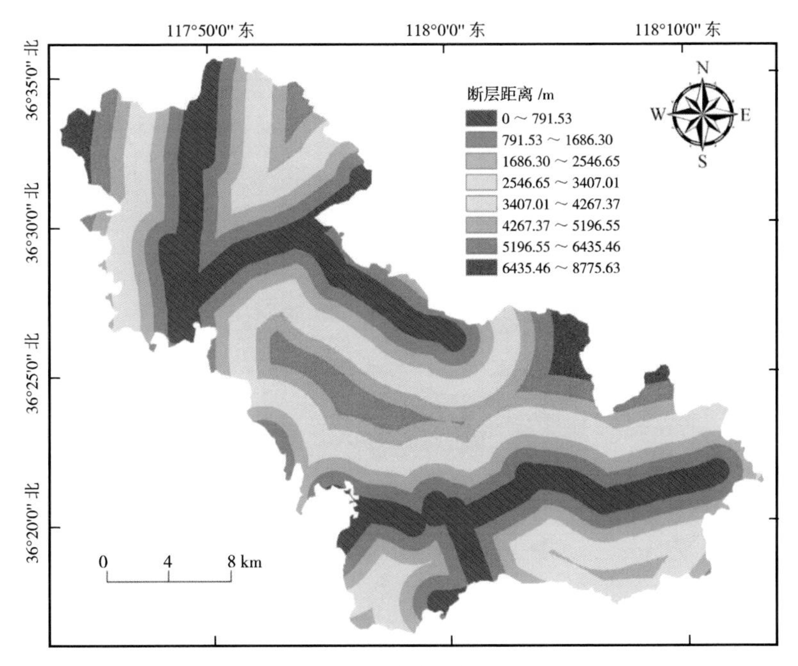

图 2.14　断层距离分级

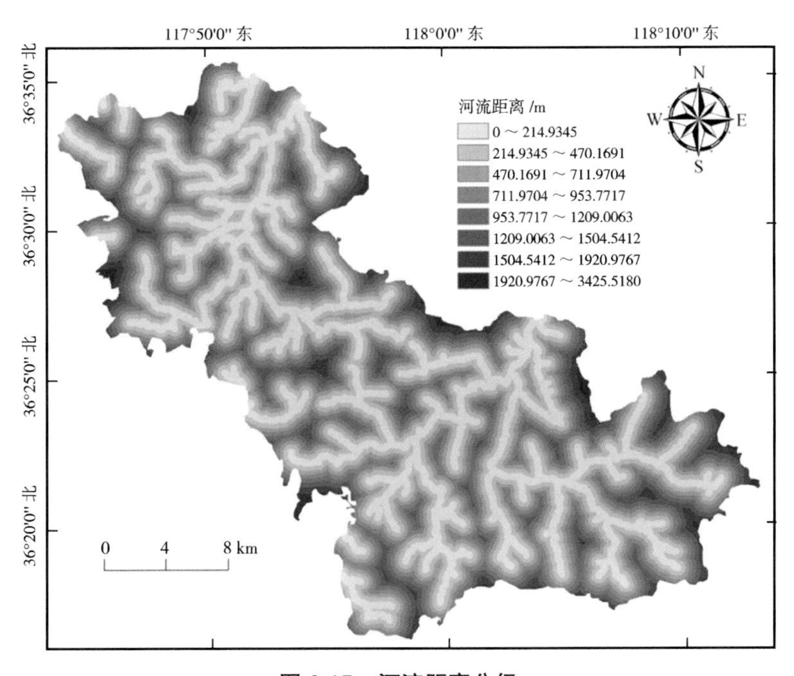

图 2.15　河流距离分级

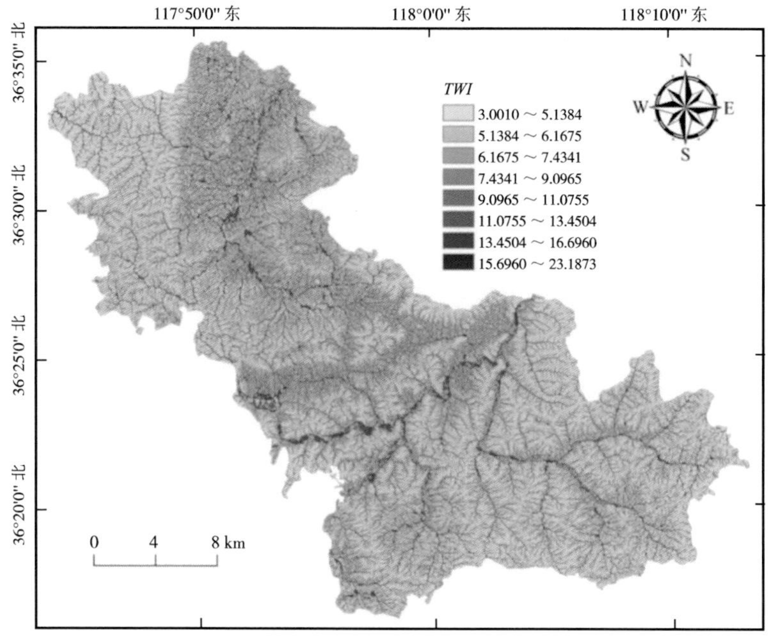

图 2.16 *TWI* 分级

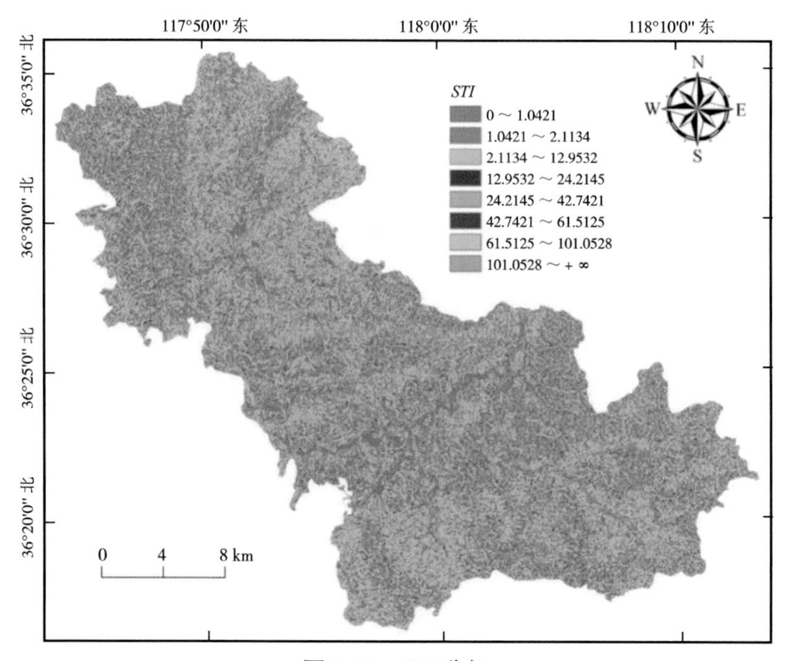

图 2.17 *STI* 分级

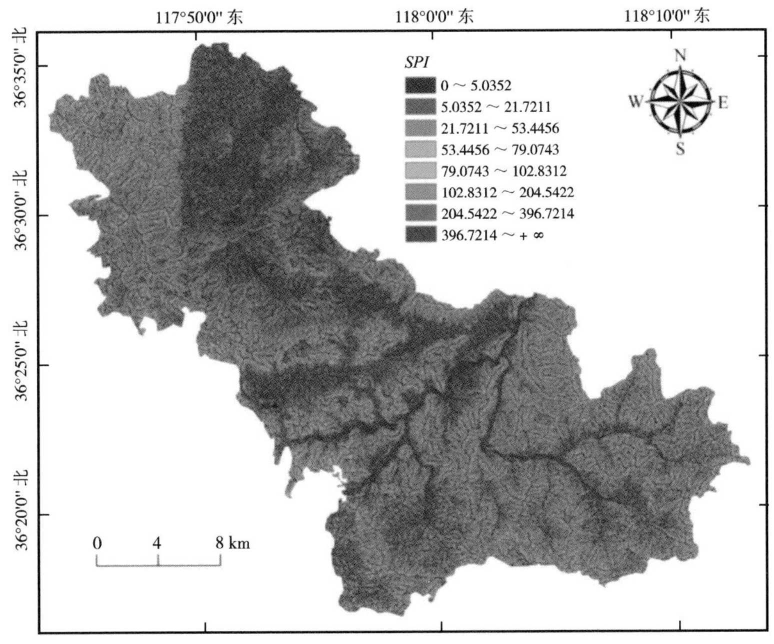

图 2.18 *SPI* 分级

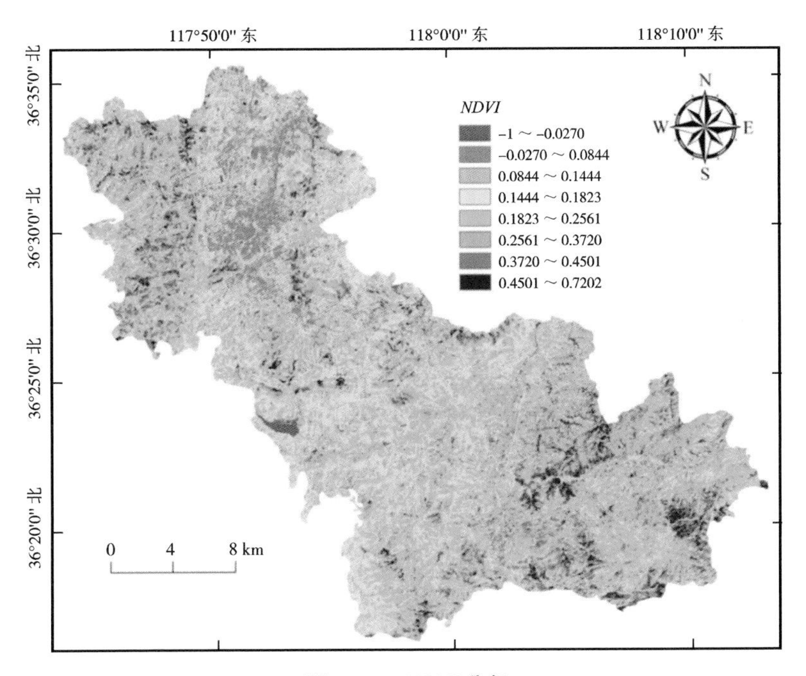

图 2.19 *NDVI* 分级

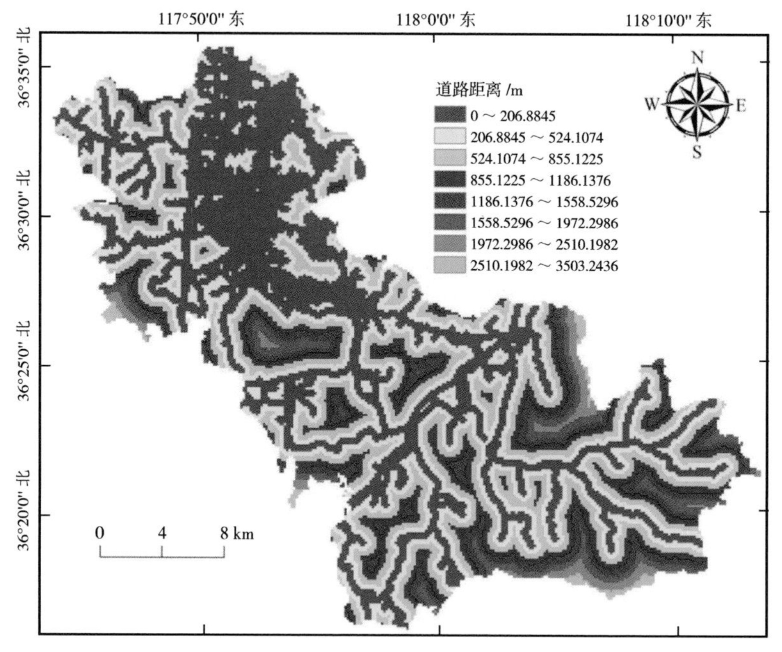

图 2.20　道路距离分级

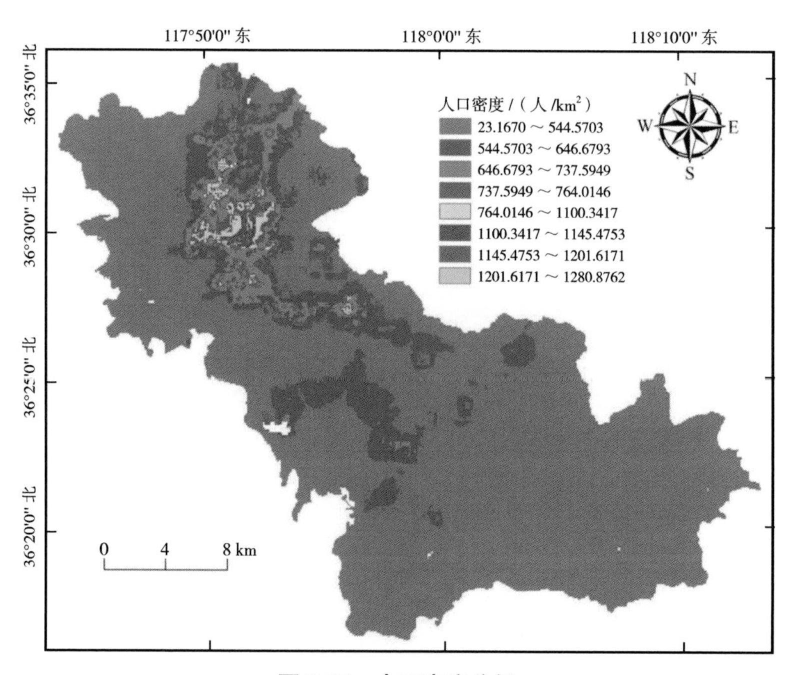

图 2.21　人口密度分级

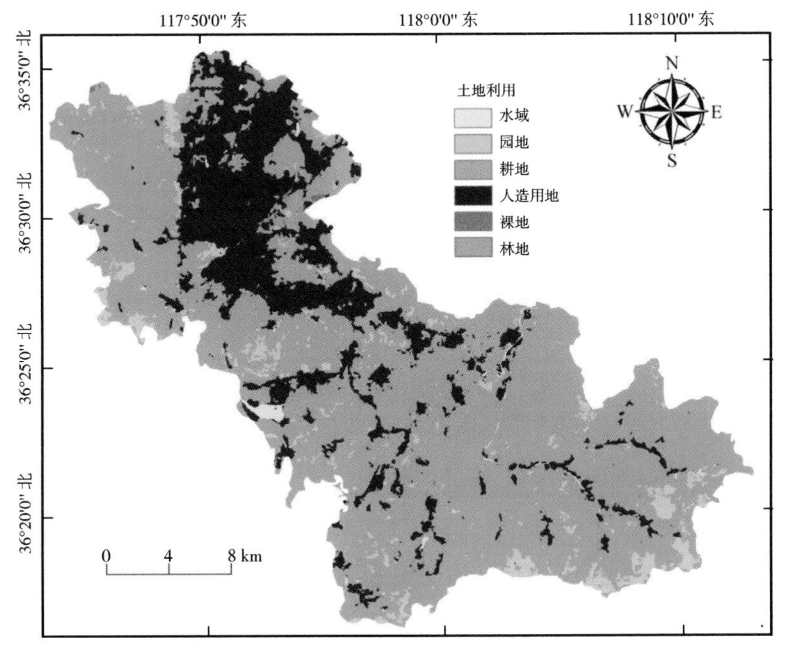

图 2.22　土地利用分级

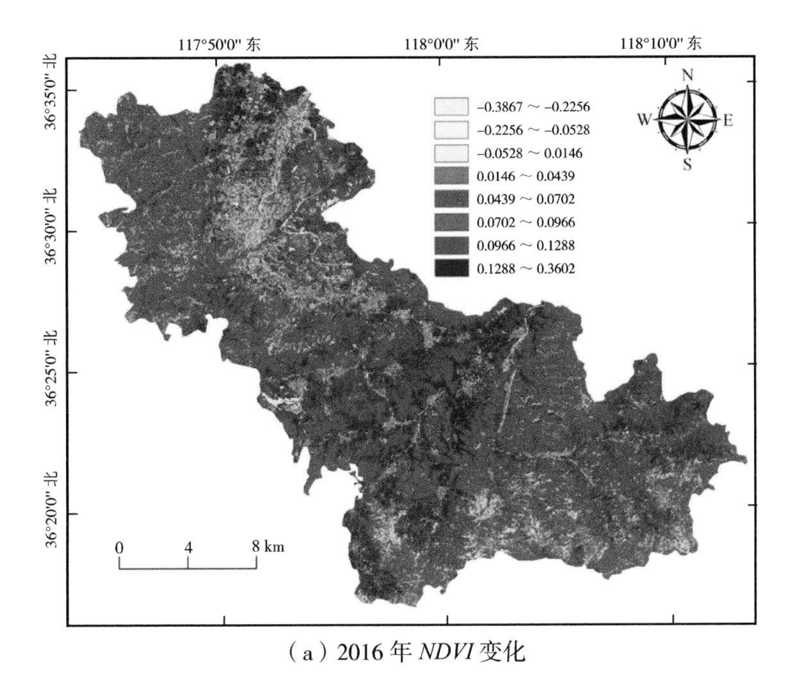

（a）2016 年 *NDVI* 变化

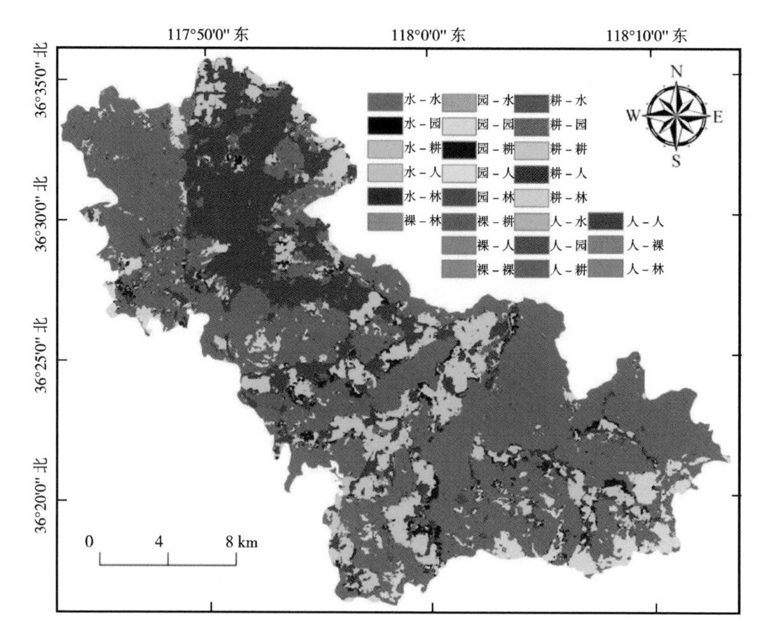

（b）2016 年土地利用 变化

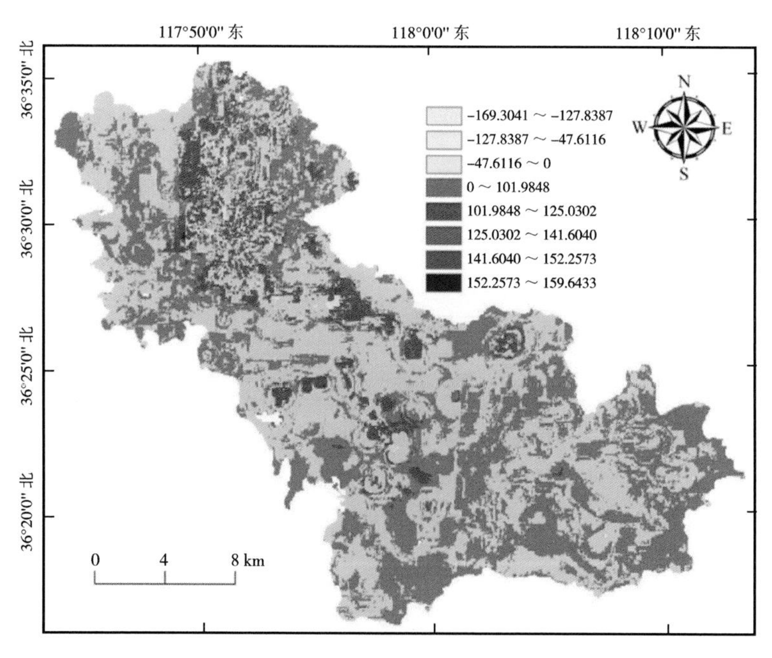

（c）2016 年人口密度变化（单位：人 /km^2）

图 3.1　动态致灾因子变化分布（2016 年）

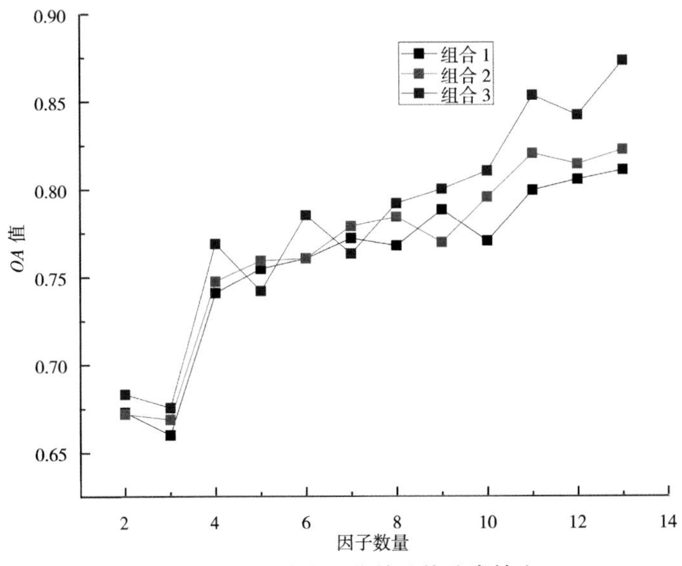

图 4.7　不同大小子集的总体分类精度

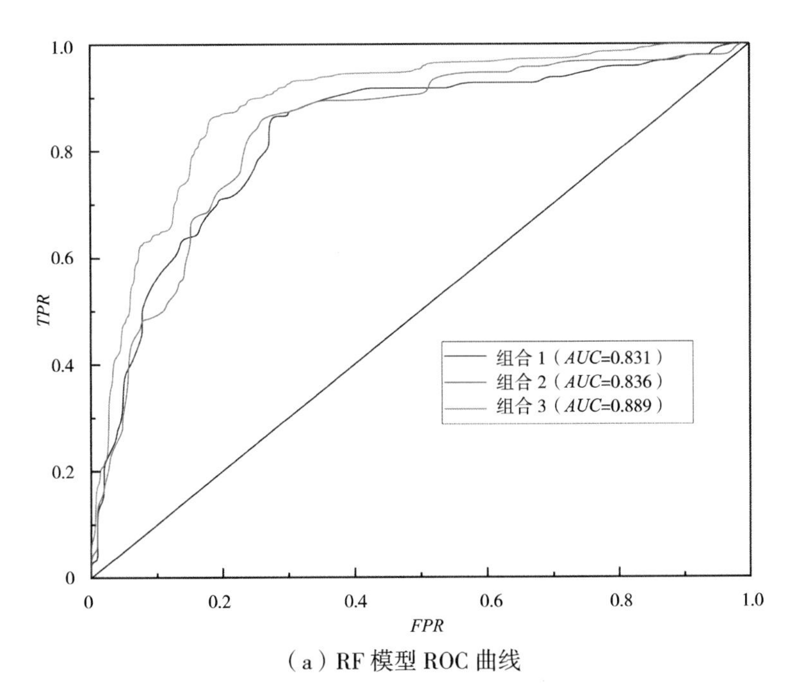

（a）RF 模型 ROC 曲线

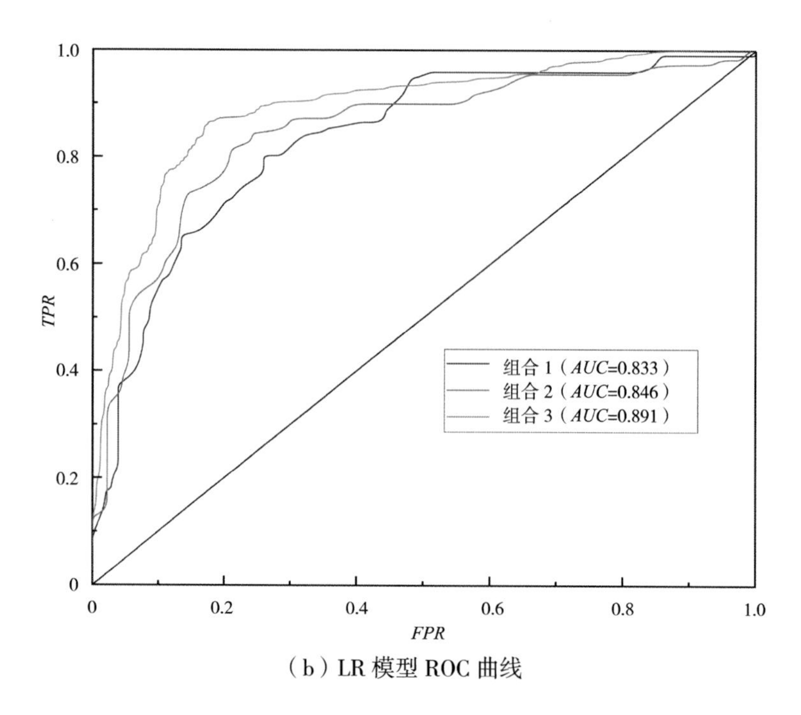

（b）LR 模型 ROC 曲线

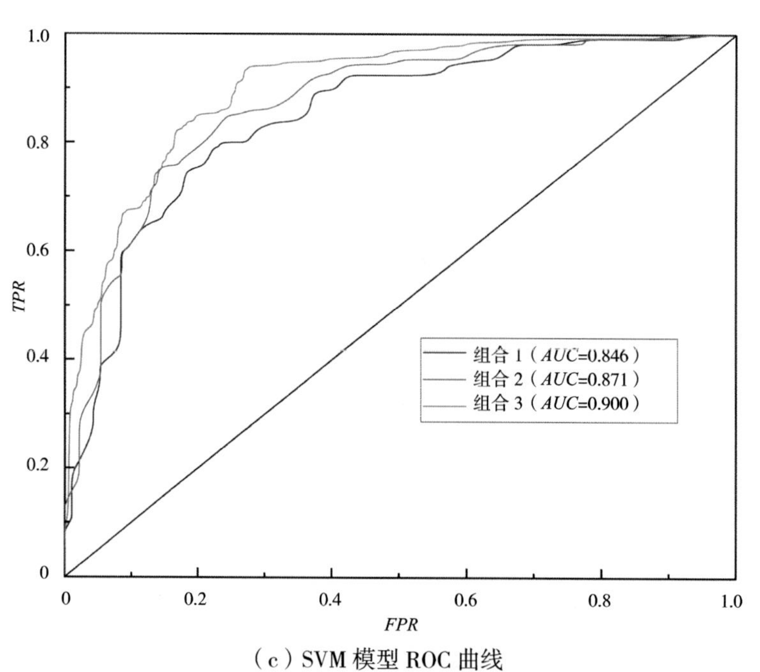

（c）SVM 模型 ROC 曲线

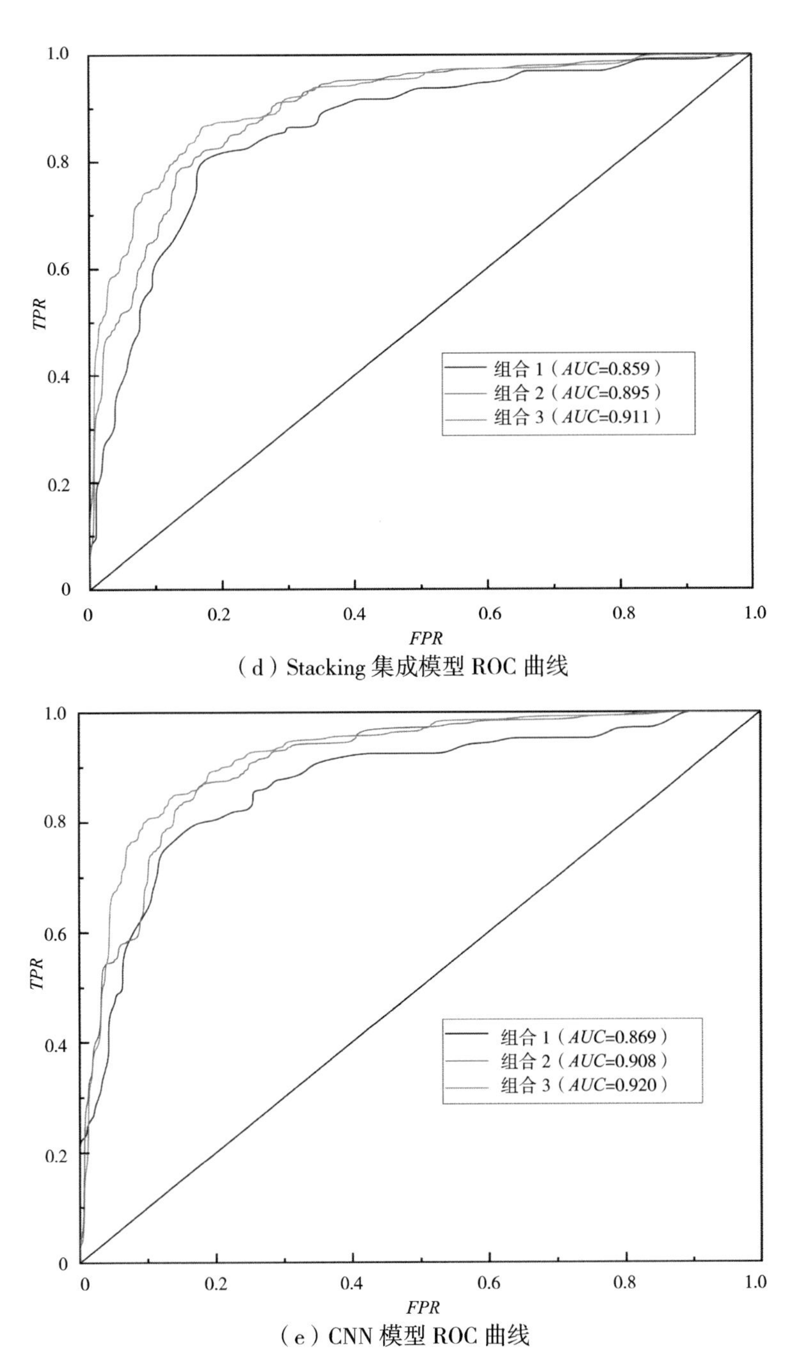

（d）Stacking 集成模型 ROC 曲线

（e）CNN 模型 ROC 曲线

图 4.8　3 种因子组合下各模型的 ROC 曲线

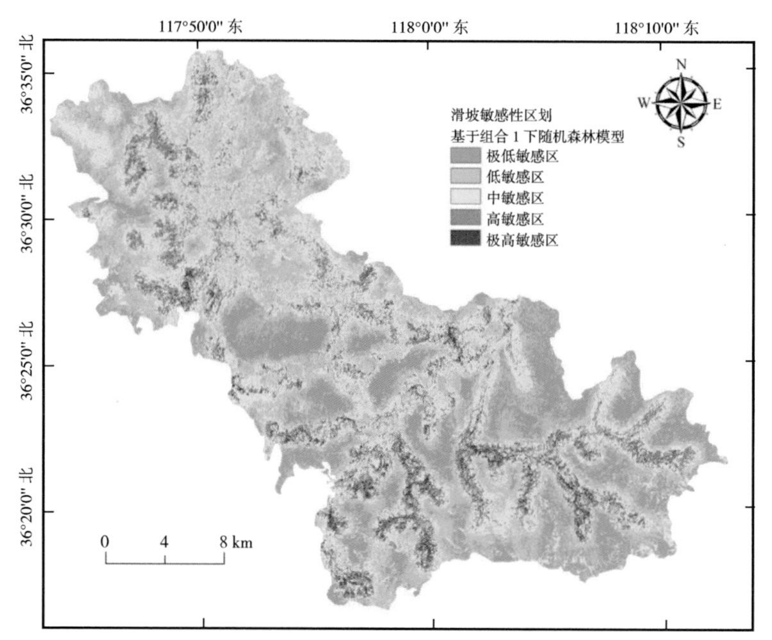

图 5.1　组合 1 下 RF 模型的滑坡敏感性评价结果

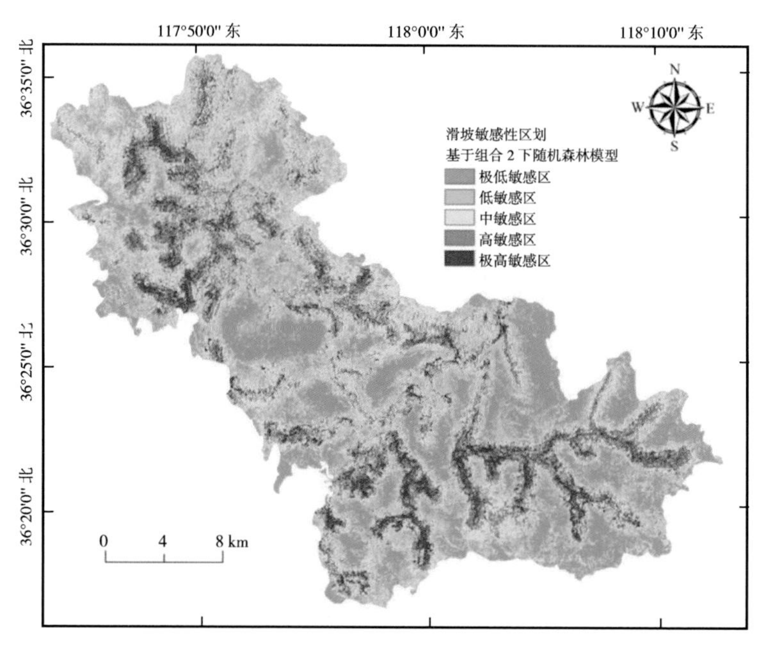

图 5.2　组合 2 下 RF 模型的滑坡敏感性评价结果

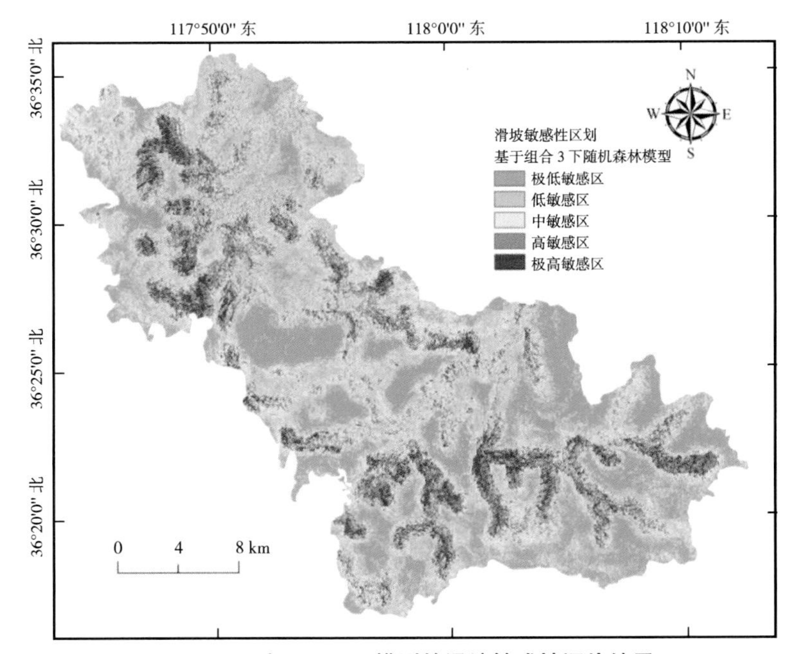

图 5.3　组合 3 下 RF 模型的滑坡敏感性评价结果

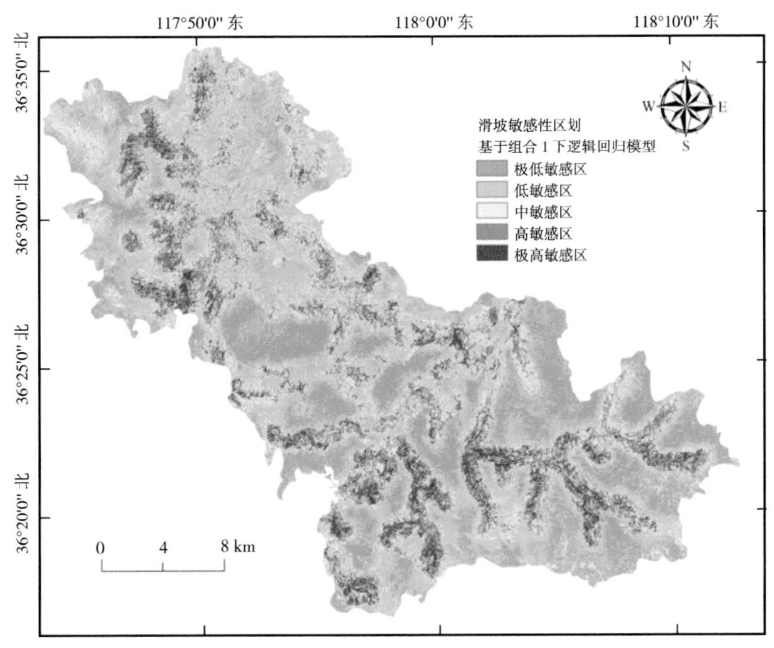

图 5.4　组合 1 下 LR 模型的滑坡敏感性评价结果

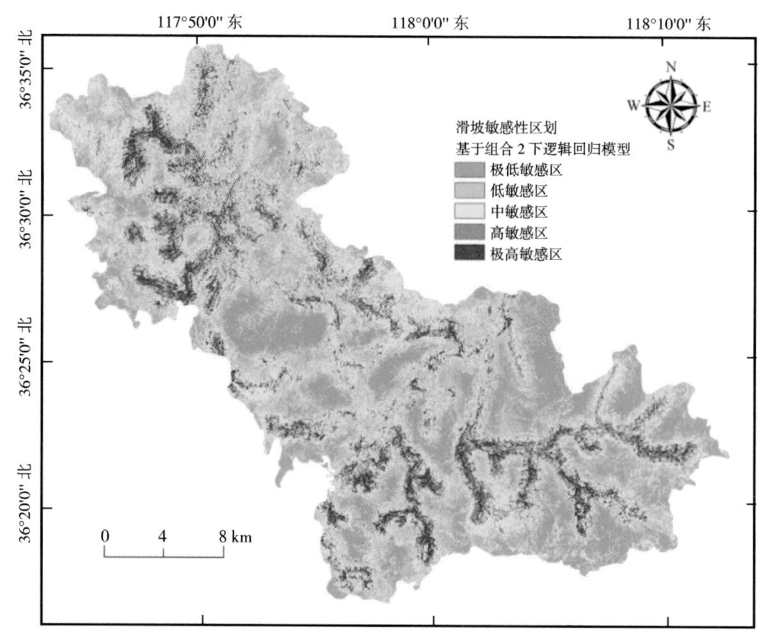

图 5.5 组合 2 下 LR 模型的滑坡敏感性评价结果

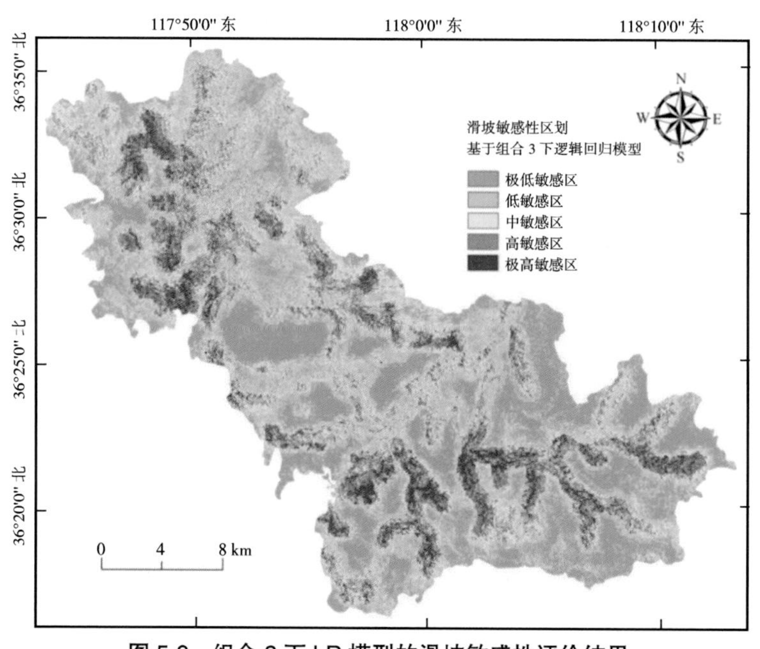

图 5.6 组合 3 下 LR 模型的滑坡敏感性评价结果

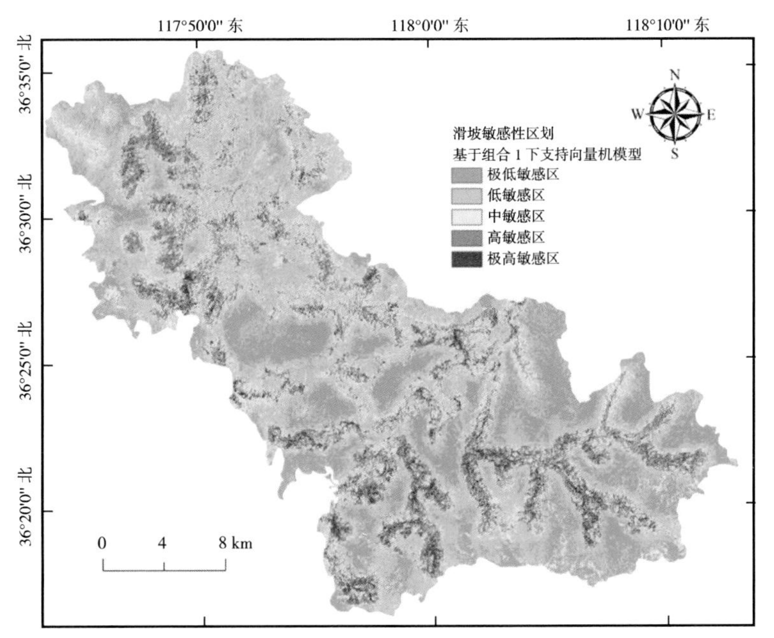

图 5.7　组合 1 下 SVM 模型的滑坡敏感性评价结果

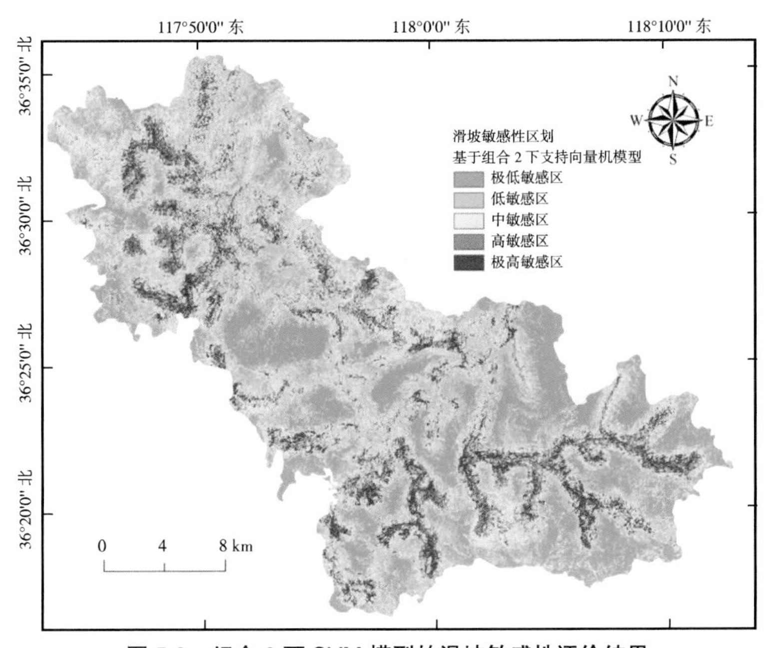

图 5.8　组合 2 下 SVM 模型的滑坡敏感性评价结果

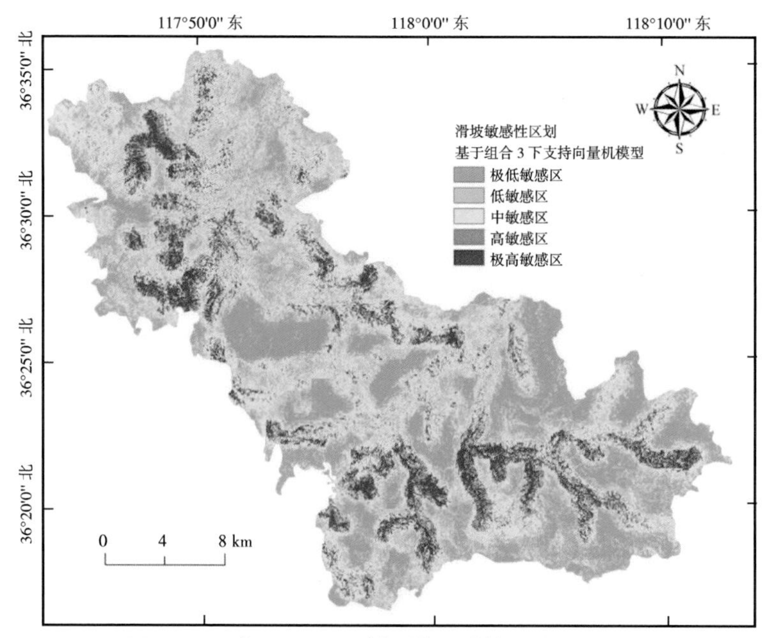

图 5.9　组合 3 下 SVM 模型的滑坡敏感性评价结果

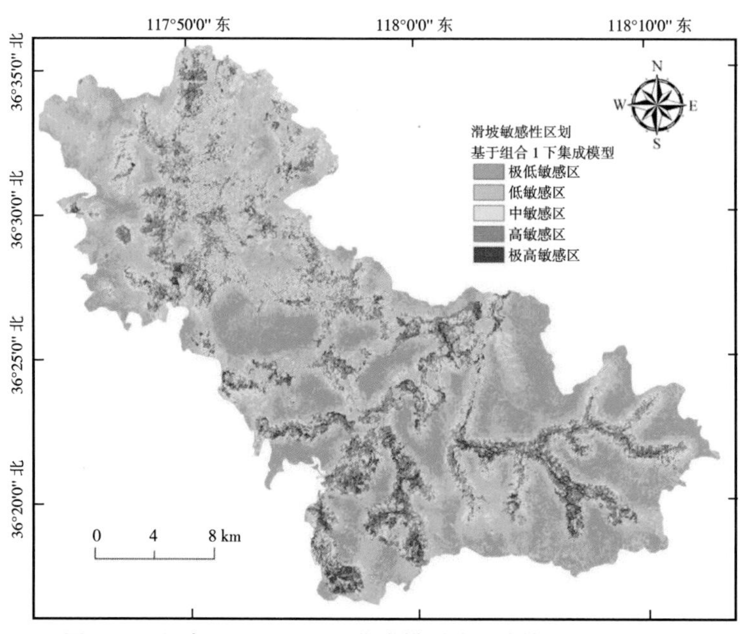

图 5.10　组合 1 下 Stacking 集成模型的滑坡敏感性评价结果

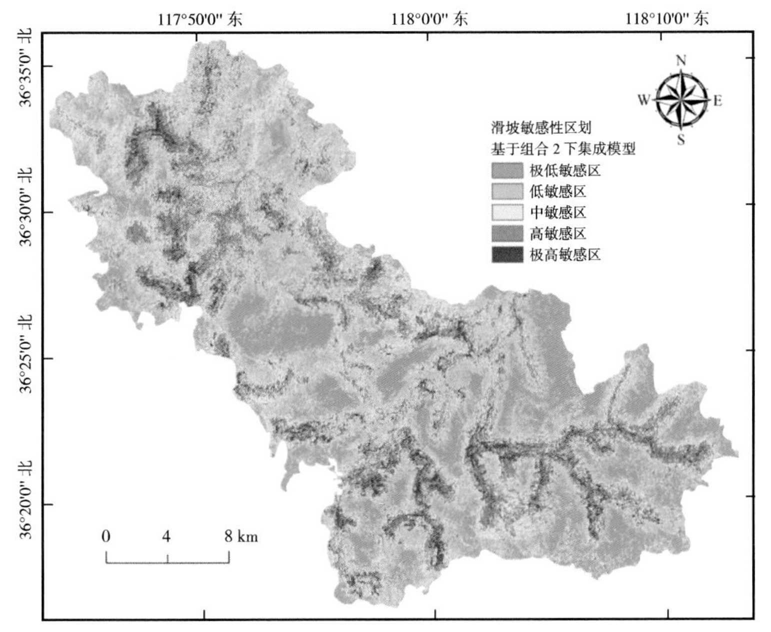

图 5.11　组合 2 下 Stacking 集成模型的滑坡敏感性评价结果

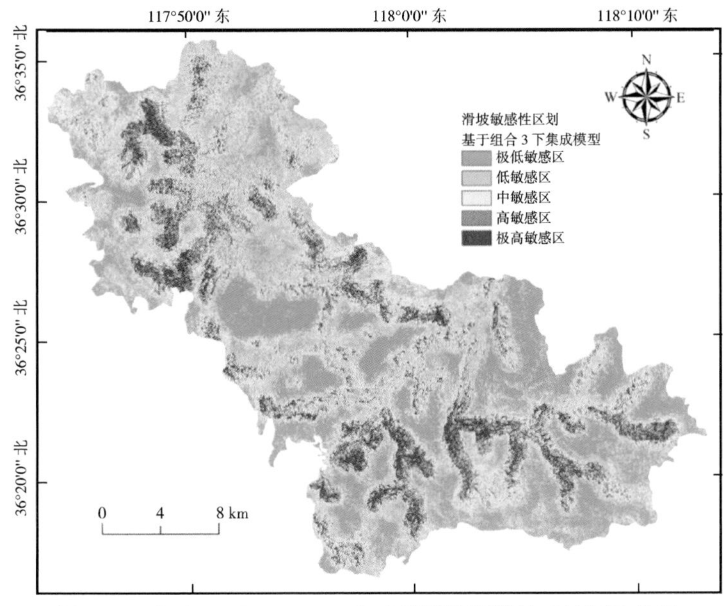

图 5.12　组合 3 下 Stacking 集成模型的滑坡敏感性评价结果

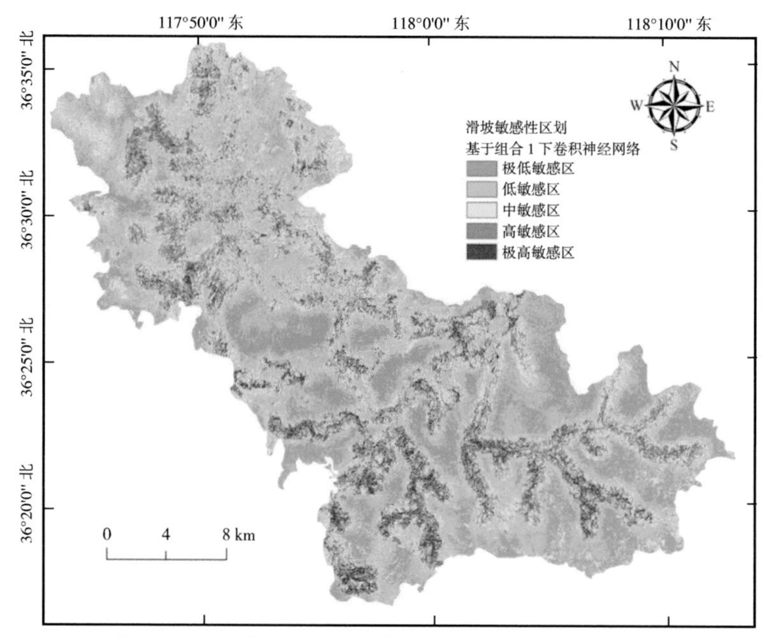

图 5.13　组合 1 下 CNN 模型的滑坡敏感性评价结果

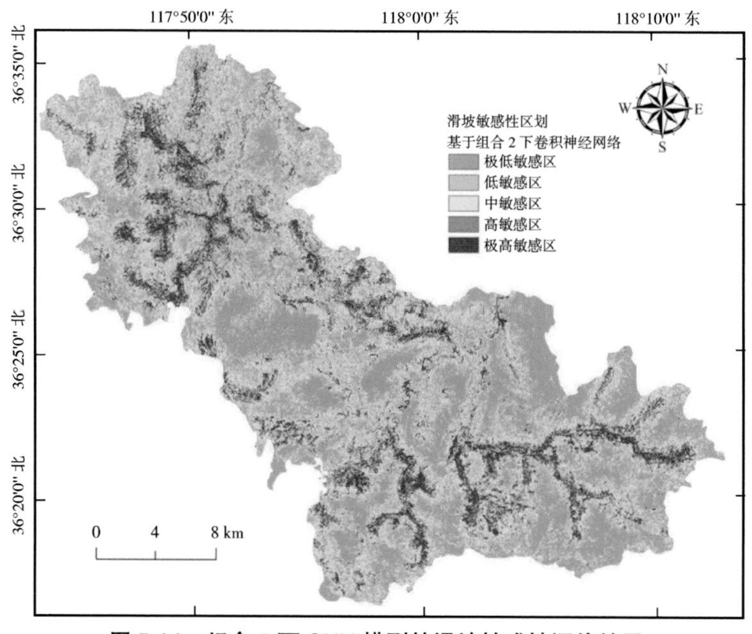

图 5.14　组合 2 下 CNN 模型的滑坡敏感性评价结果

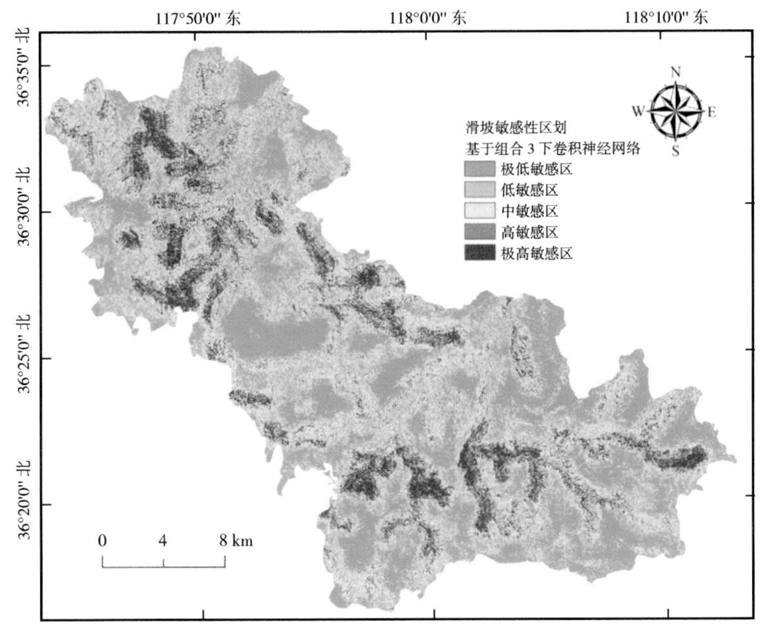

图 5.15　组合 3 下 CNN 模型的滑坡敏感性评价结果

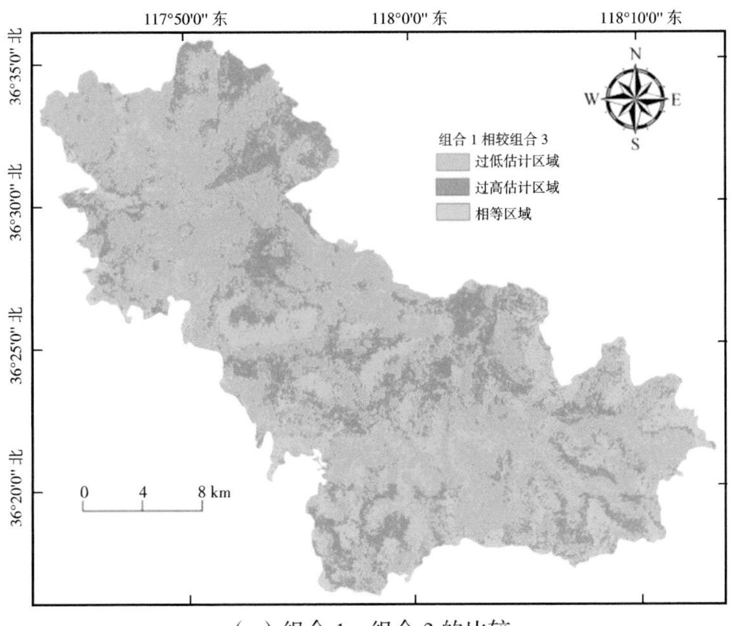

（a）组合 1、组合 3 的比较

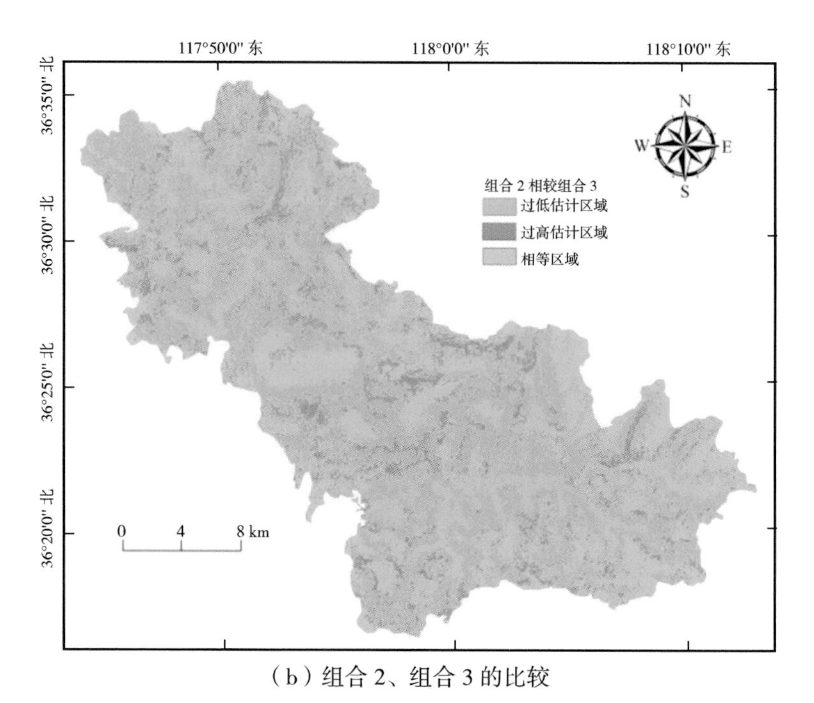

（b）组合 2、组合 3 的比较

图 5.16　不同因子组合的滑坡敏感性评价结果比较

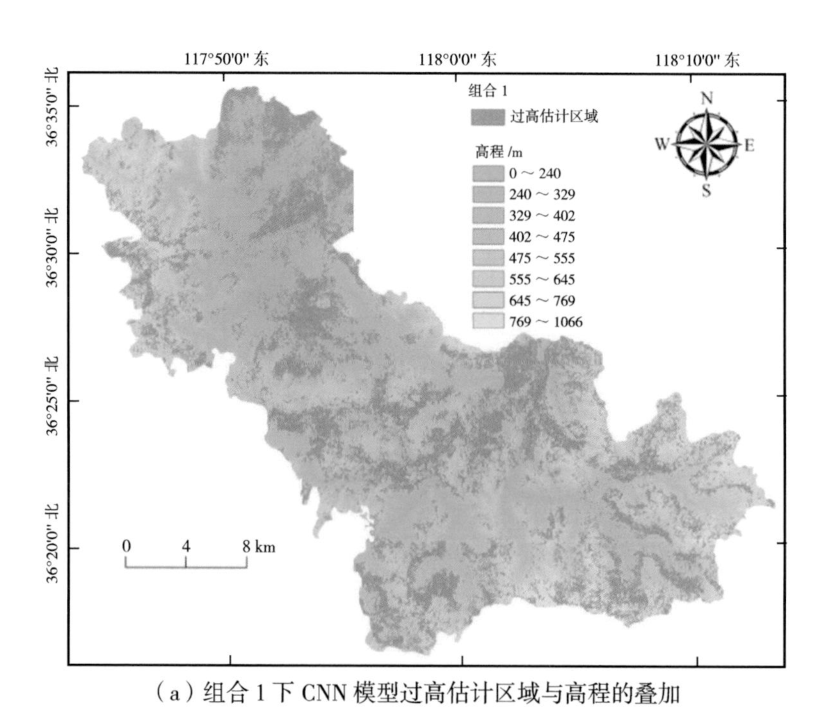

（a）组合 1 下 CNN 模型过高估计区域与高程的叠加

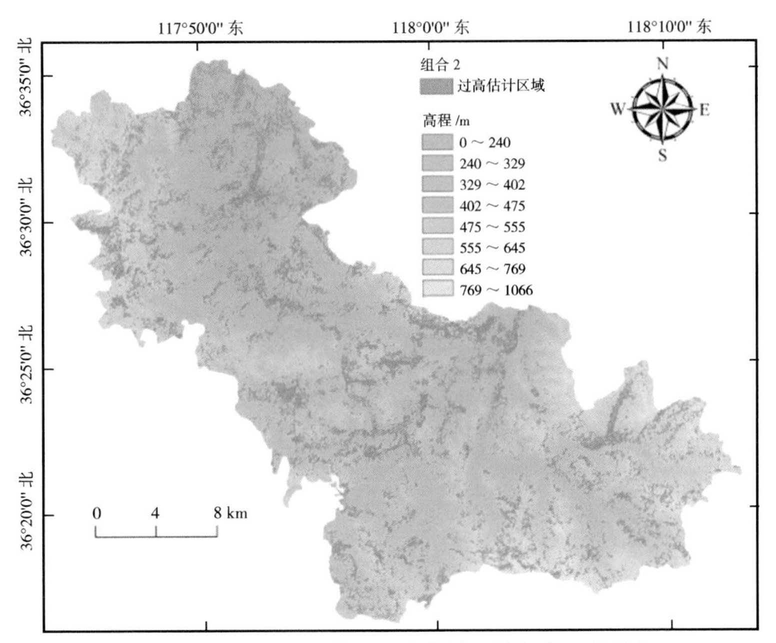

（b）组合 2 下 CNN 模型过高估计区域与高程的叠加

图 5.17　过高估计区域与高程的叠加

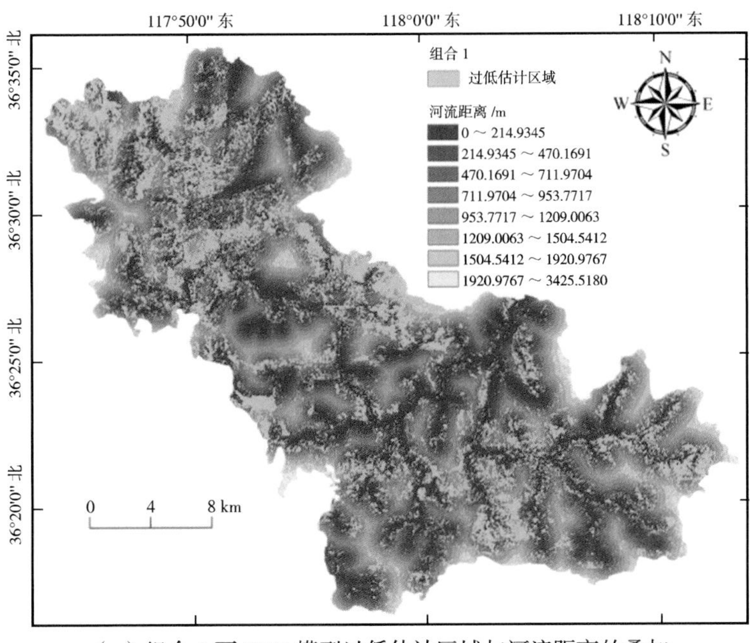

（a）组合 1 下 CNN 模型过低估计区域与河流距离的叠加

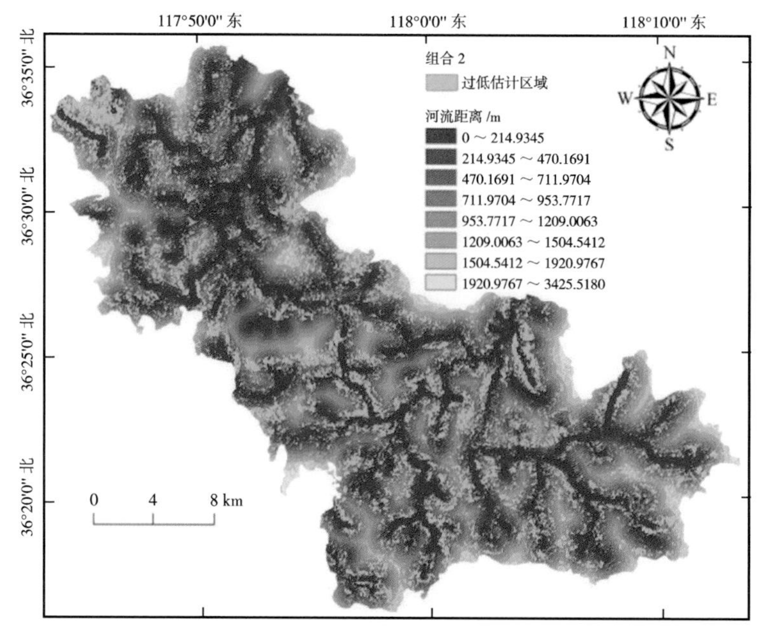

（b）组合 2 下 CNN 模型过低估计区域与河流距离的叠加

图 5.18　过低估计区域与河流距离的叠加

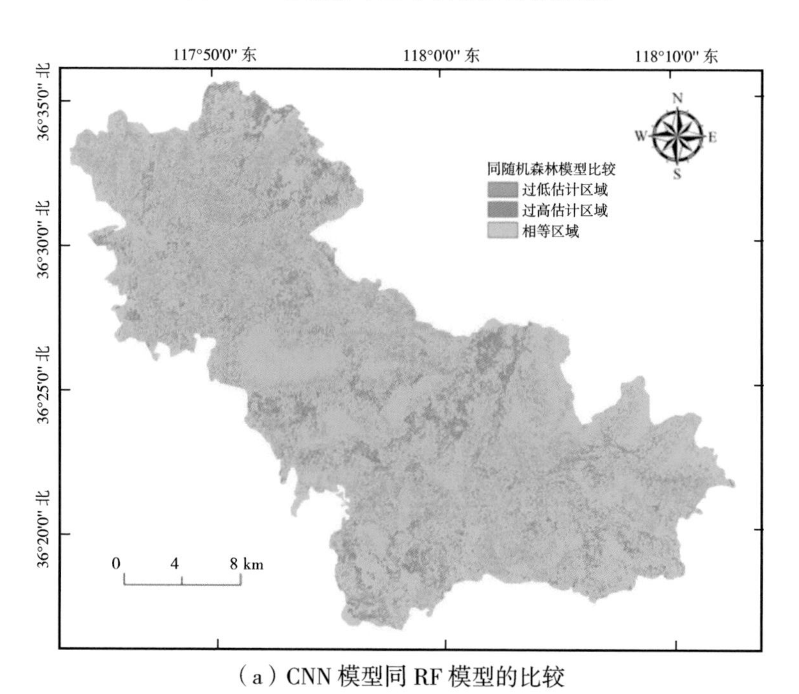

（a）CNN 模型同 RF 模型的比较

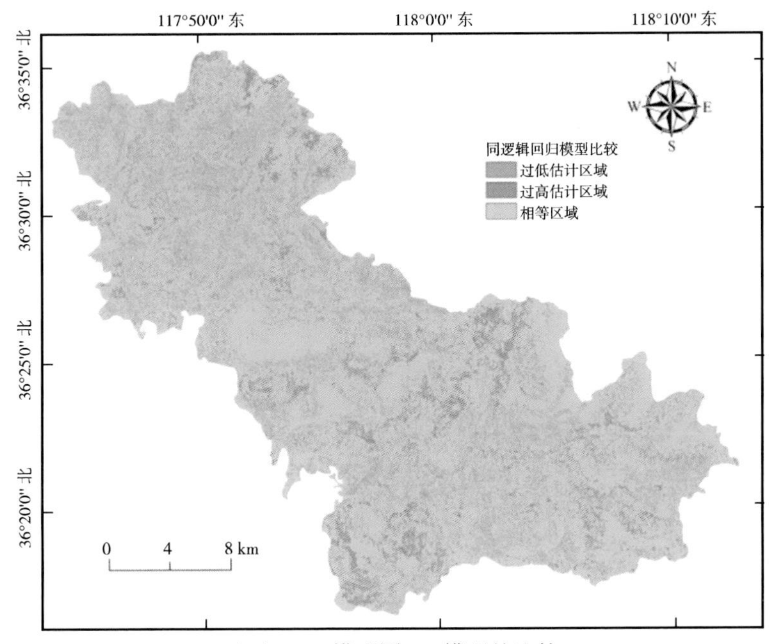

（b）CNN 模型同 LR 模型的比较

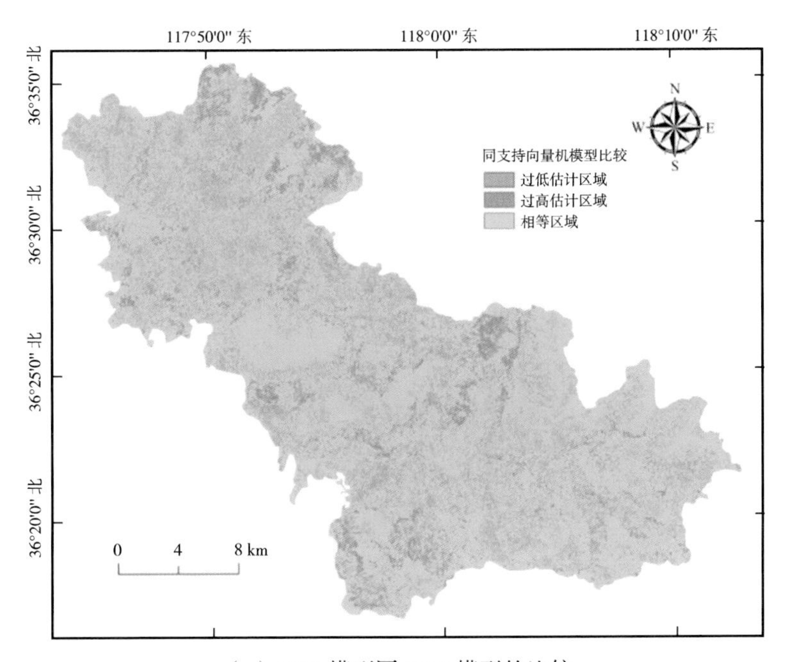

（c）CNN 模型同 SVM 模型的比较

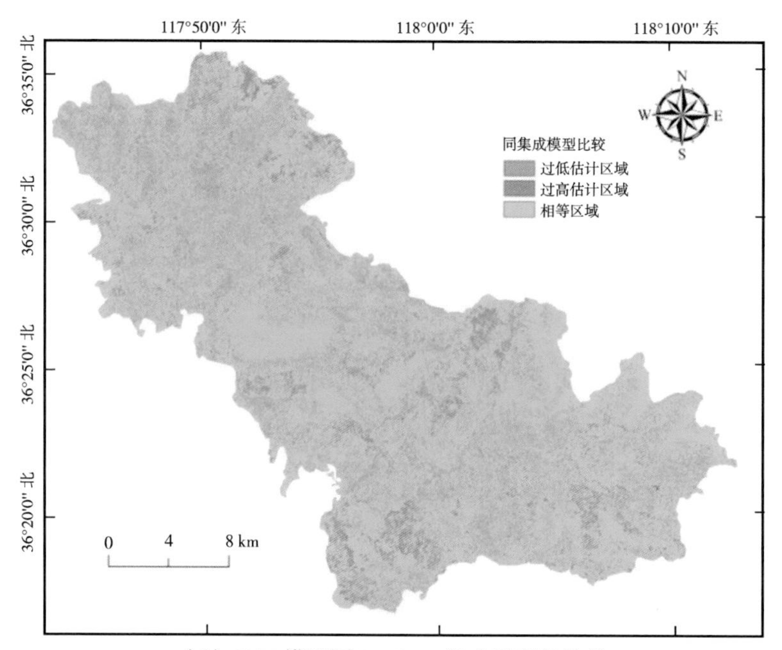

（d）CNN 模型同 Stacking 集成模型的比较

图 5.19　不同模型的滑坡敏感性评价结果比较

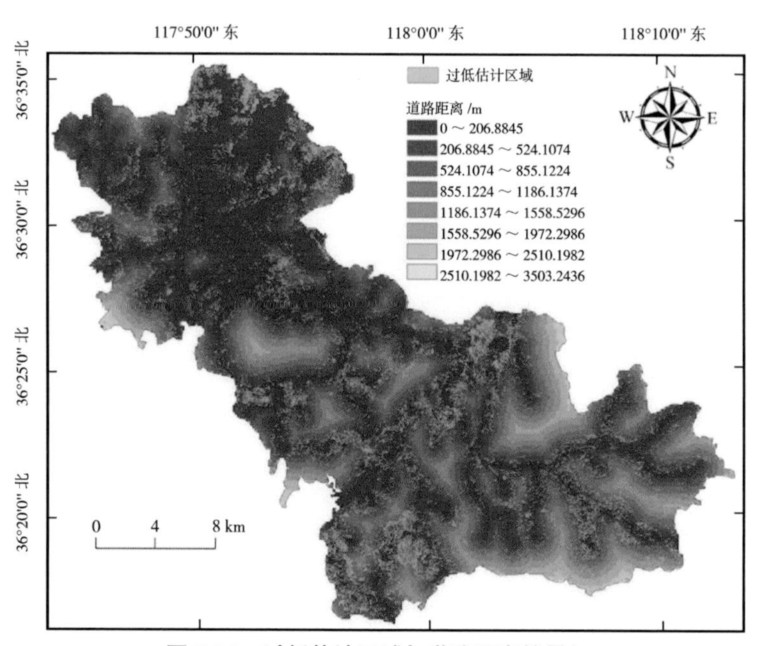

图 5.20　过低估计区域与道路距离的叠加

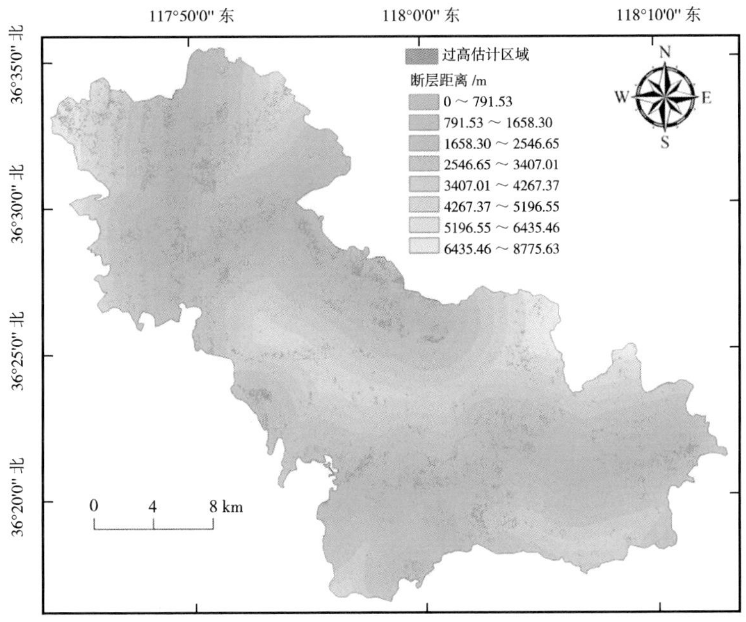

图 5.21　过高估计区域与断层距离的叠加

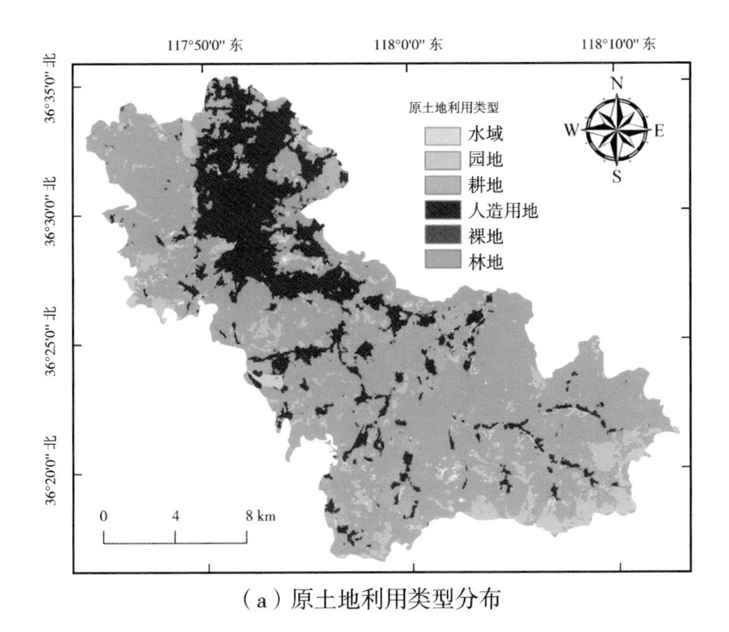

（a）原土地利用类型分布

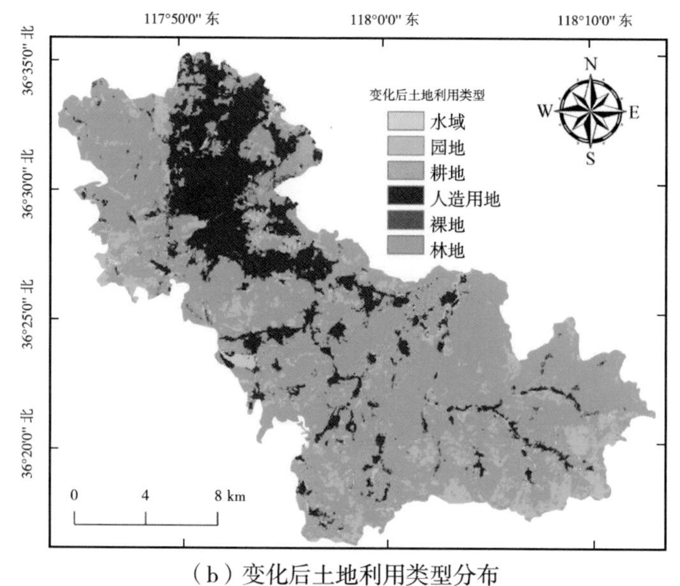

（b）变化后土地利用类型分布

图 6.2　变化前后的土地利用类型分布

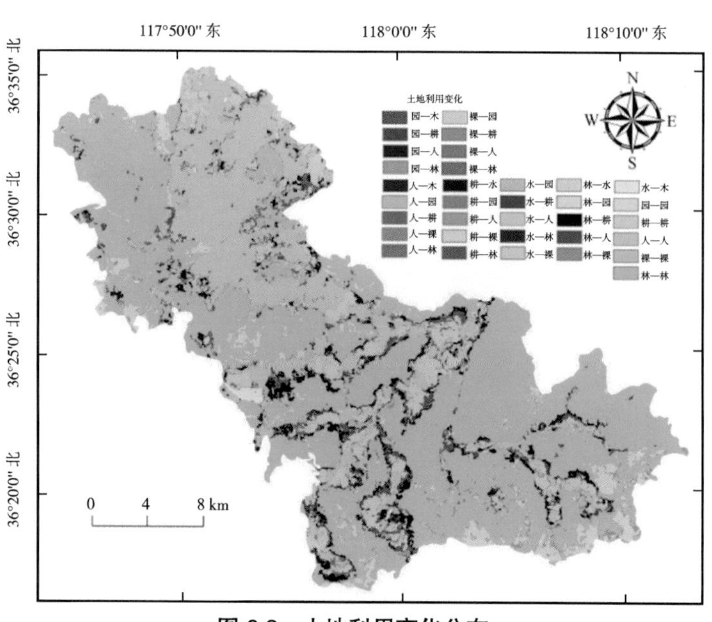

图 6.3　土地利用变化分布

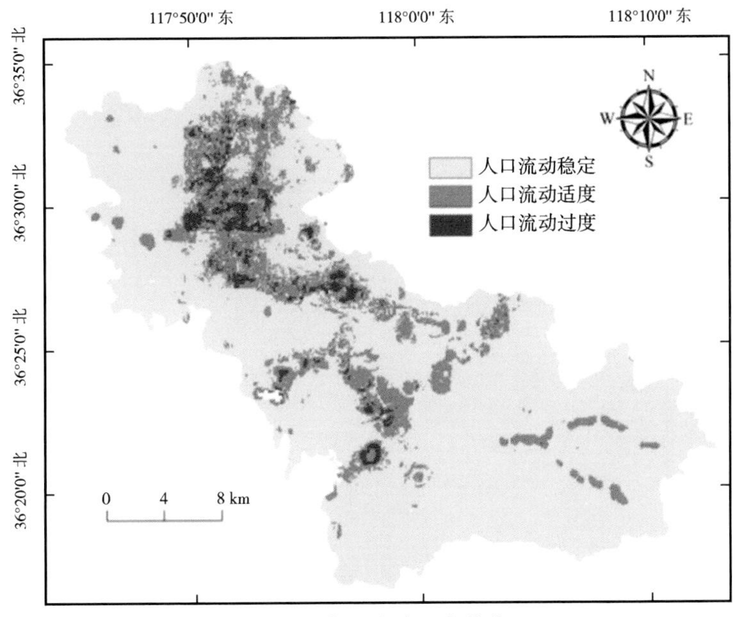

图 6.4　人口流动强度分布

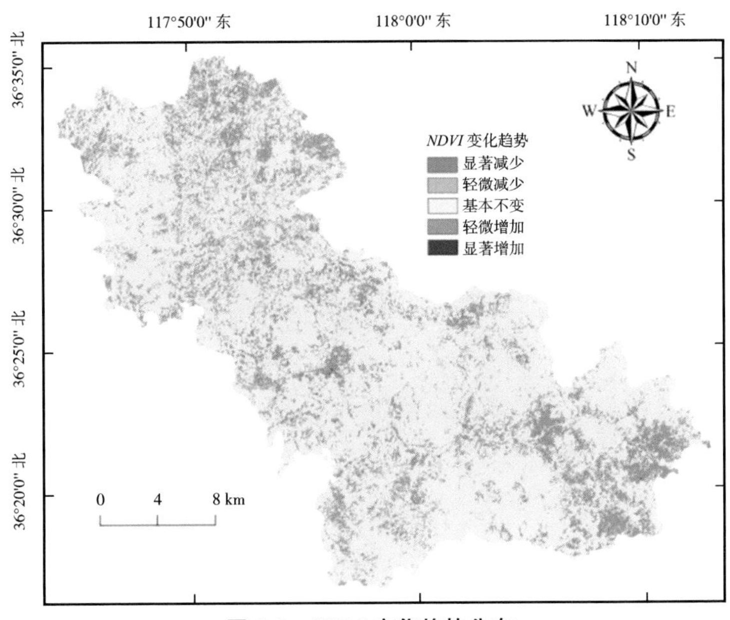

图 6.5　*NDVI* 变化趋势分布

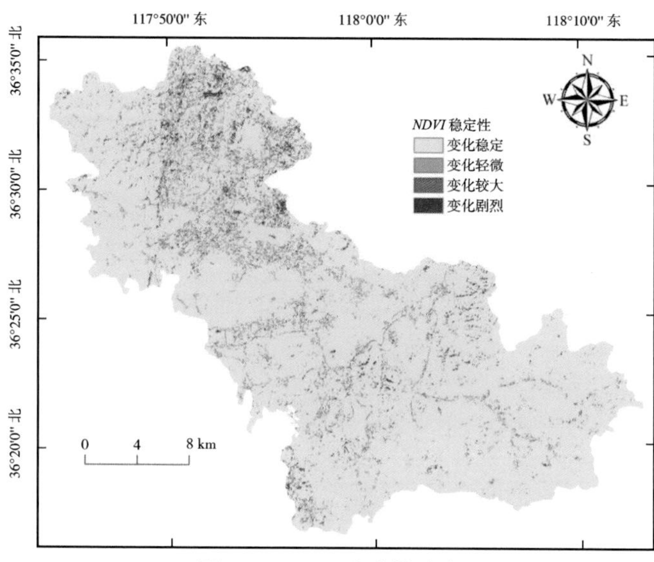

图 6.6 *NDVI* 稳定性分布